国家虚拟仿真实验教学项目配套教材

高/等/学/校/规/划/教/材

化工原理课程设计

Curriculum Design of Unit Operation

田维亮 | 主编

张红喜　葛振红　张克伟 | 副主编

化学工业出版社

·北京·

《化工原理课程设计》依据普通高等院校化工原理课程大纲要求编写，旨在培养学生化工单元操作设计能力，树立工程设计理念，提升学生运用化工原理知识分析解决化工设计实际问题的能力，以求达到学以致用。

《化工原理课程设计》主要包括三部分，即化工原理课程设计基础、主要单元设备设计和单元设备的模拟计算与设计三部分。主要介绍了化工原理课程设计的计算基础、单元设备设计基础、换热器设计、板式塔设计、填料塔设计以及典型单元操作模拟计算与设计。涉及的内容既有理论原理，又有设计实例，可供相关专业课程设计使用。

《化工原理课程设计》可作为高等院校化工、材料、安全、环境、能源等专业的课程设计教材，也可供从事相关科研、设计及生产管理的工程技术人员参考。

图书在版编目（CIP）数据

化工原理课程设计／田维亮主编. —北京：化学工业出版社，2019.9
国家虚拟仿真实验教学项目配套教材　高等学校规划教材
ISBN 978-7-122-34828-9

Ⅰ.①化…　Ⅱ.①田…　Ⅲ.①化工原理-课程设计-高等学校-教材　Ⅳ.①TQ02-41

中国版本图书馆CIP数据核字（2019）第141272号

责任编辑：任睿婷　杜进祥
责任校对：刘　颖　　　　　　　　装帧设计：关　飞

出版发行：化学工业出版社（北京市东城区青年湖南街13号　邮政编码100011）
印　　刷：三河市航远印刷有限公司
装　　订：三河市宇新装订厂
787mm×1092mm　1/16　印张 9¼　字数 222千字　2019年12月北京第1版第1次印刷

购书咨询：010-64518888　　　　　售后服务：010-64518899
网　　址：http://www.cip.com.cn
凡购买本书，如有缺损质量问题，本社销售中心负责调换。

定　　价：33.00元　　　　　　　　　　　　　　　　　　　　版权所有　违者必究

《化工原理课程设计》编委会

主　编　田维亮
副主编　张红喜　葛振红　张克伟
委　员　李　仲　李秀敏　陈雪亭　吕喜风
　　　　陈俊毅　陈新萍

前言

化工原理课程设计是培养学生化工设计能力的重要教学环节,通过课程设计可以使学生初步掌握化工设计的基础知识、设计原则及方法,学会各种手册的使用方法及物理性质、化学性质的查找方法和技巧,掌握各种结果的校核,能画出工艺流程、塔板结构等图形。在设计过程中不仅要考虑理论上的可行性,还要考虑生产上的安全性、经济合理性。化工原理课程设计是理论联系实际的桥梁,通过设计过程,能够使学生综合运用化工原理课程的基本知识、基本原理和基本计算,在规定的时间内完成指定的化工单元操作设计任务,具有进行初步工程设计的能力;熟悉工程设计的基本内容,掌握化工单元操作设计的主要流程和方法;提高分析和解决工程实际问题的能力。

典型化工单元中的换热器和塔设备的模拟与计算是整个化工原理课程设计的主要组成部分之一。鉴于以前换热器和塔设备的物料衡算和能量衡算需要手算,耗时较多,且容易出现计算错误,计算机辅助化工计算可以显著提高计算速度与准确性。在这样的背景下,我们把 Aspen Plus 的模拟计算引入单元设备的设计中,是对高校化工类专业化工原理课程设计教学改革与探索的成果。

现代信息化促使知识获取方式和传授方式、教和学的关系等发生革命性变化。国家虚拟仿真实验教学项目建设坚持立德树人,强化以能力为先的人才培养理念,坚持"学生中心、产出导向、持续改进"的原则,突出应用驱动、资源共享,将实验教学信息化作为高等教育系统性变革的内生变量,以高质量实验教学助推高等教育教学质量变轨超车,助力高等教育强国建设。本书就是基于这样的大背景下形成的,书中包含国家虚拟仿真实验教学项目"传热 3D&VR 虚拟仿真综合实验"相关资料,可通过扫描书中二维码查看。

《化工原理课程设计》的参编人员及编写分工如下:田维亮编写绪论、第一篇第一章、第二篇第四章和第三篇,张红喜编写第一篇第二章,张克伟编写第一篇第一章、第二篇第三章,葛振红审定全书,李仲编写第二篇第三章和第五章、附录、参考文献并参与了全书的校对工作,陈雪亭录制了书中的视频资源。陈俊毅、吕喜风、李秀敏、陈新萍,以及学生向伟、李江明和刘杰也对图书的编写做了大量的工作,Aspen Tech 公司提供了技术资料,其他兄弟院校的老师也参与了内容讨论,并提出许多宝贵意见,在此一并感谢。感谢国家虚拟仿真实验教学项目和创新团队项目(TDZKCK201901)给予的资助。

由于编者水平和经验有限,书中难免存在疏漏,恳请读者和同行批评指正,使教材书日臻完善。

编者

2019-04-28

目录

绪论 ·· 1
 一、化工原理课程设计的目的 ··· 1
 二、化工原理课程设计的基本内容及步骤 ······································· 1
 三、化工原理课程设计的任务要求 ··· 2
 思考题 ·· 3

第一篇 化工原理课程设计基础 ·· 4

第一章 化工原理课程设计计算基础 ··· 4
 一、主要设计参数 ·· 4
 二、物料衡算和热量衡算 ··· 11
 思考题 ··· 14

第二章 化工单元设备设计基础 ·· 15
 一、化工设备绘图基础 ·· 15
 二、设备装置图 ··· 18
 三、设备布置图 ··· 19
 四、装配图 ··· 21
 五、主要设计软件简介 ·· 22
 思考题 ··· 23

第二篇 主要单元设备设计 ·· 24

第三章 换热器设计 ··· 24
 一、换热器概述 ··· 24
 二、列管式换热器的结构 ··· 24
 三、设计方案选择 ·· 28
 四、列管式换热器设计计算 ·· 31
 五、塔设备部件设计计算 ··· 40
 思考题 ··· 46

第四章 板式塔设计 ··· 47
 一、板式塔概述 ··· 47

  二、板式塔设计的内容及要求 ································· 48
  三、设计方案的确定 ······································· 48
  四、塔板的类型与选择 ····································· 50
  五、板式塔的塔体工艺尺寸计算 ····························· 51
  六、板式塔的塔板工艺尺寸计算 ····························· 54
  七、筛孔的流体力学验算 ··································· 60
  八、塔板的负荷性能图 ····································· 63
  九、板式塔的结构与附属设备 ······························· 65
  思考题 ·· 69

第五章　填料塔设计 ·· 70
  一、填料塔概述 ·· 70
  二、填料塔设计方案的确定 ································· 72
  三、填料塔的工艺计算 ····································· 74
  思考题 ·· 77

第三篇　单元设备的模拟计算 ······································· 78

第六章　Aspen Plus 简介 ······································ 78
  一、Aspen Plus 的主要功能 ································ 79
  二、化工单元操作模型简介 ································· 79
  三、Aspen Plus 文件格式 ·································· 82
  思考题 ·· 83

第七章　Aspen Plus 流程模拟模型构建 ························· 84
  思考题 ·· 93

第八章　塔器模拟计算与设计 ··································· 94
  思考题 ·· 106

第九章　换热器模拟计算与设计 ································· 107
  思考题 ·· 113

第十章　流程综合模拟计算与设计 ······························ 114
  思考题 ·· 123

附录 ·· 124

参考文献 ·· 139

绪 论

一、化工原理课程设计的目的

化工原理课程设计是化工原理课程教学中综合性和实践性较强的教学环节，是理论联系实际的桥梁。通过课程设计，要求学生能将"化工原理"课程和有关先修课程所学知识融会贯通，学会独立思考，在规定的时间内完成指定的化工设计任务，从而得到化工工程设计的初步训练。

课程设计不同于平时的作业，在设计中需要学生自己作出决策，即自己确定方案、选择流程、查取资料、进行过程和设备计算，并要对自己的选择作出论证和核算，经过反复的分析比较，择优选定最理想的方案。所以，课程设计是培养和提高学生独立工作能力的有益实践。通过课程设计，可达到以下成效。

① 进一步巩固化工原理所学的有关内容，在设计过程中加深对所学知识的理解和运用。

② 初步掌握化学工程典型单元操作的设计思想和设计方法及设计步骤。培养学生独立解决问题的能力，为以后的学习及毕业设计打下基础。

③ 通过查阅技术资料，选用设计计算公式，搜集数据，分析工艺参数与结构尺寸间的相互影响，增强学生分析问题、解决问题的能力。

④ 进一步锻炼学生的计算能力、设计能力，熟悉和正确使用手册、国标等技术资料，培养一丝不苟的科学态度。

⑤ 通过编写设计说明书，提高学生文字表达能力，掌握撰写技术文件的有关要求。

二、化工原理课程设计的基本内容及步骤

化工原理课程设计应以化工单元操作的典型设备为对象，课程设计的题目应尽量从生产实际中选题。

1. 基本内容

① 设计方案简介。要求设计者在接到下达的设计任务书后，对给定或选定的工艺流程、主要设备的型式进行简要的论述。

② 主要设备的工艺设计计算。包括工艺参数的选定、物料衡算、热量衡算、设备的工艺尺寸计算及结构设计、流体力学验算，树立从技术上可行和经济上合理两方面考虑的工程观点，兼顾操作维修的便捷和环境保护的要求，从总体上得到最佳结果。

③ 典型辅助设备的选型和计算。包括典型辅助设备的主要工艺尺寸计算和设备型号规格的选定。

④ 带控制点的工艺流程图。以单线图的形式绘制，标出主体设备和辅助设备的物料流

向、物流量、能流量和主要化工参数测量点。

⑤ 主体设备工艺条件图。图面上应包括设备的主要工艺尺寸、技术特性表和接管表及组成设备的各部件名称等。

2. 化工原理课程设计的步骤

进行课程设计，首先要认真阅读、分析下达的设计任务书，领会要点，明确所要完成的主要任务，为完成该任务应具备哪些条件，开展设计工作的初步设想。然后，进行一些具体准备工作。而准备工作大体分两类：一类是结合任务进行生产实际的调研；另一类是查阅、收集技术资料。在设计中所需的资料一般有以下几种。

（1）布置设计任务及设计前的准备工作

① 设备设计的国内外状况及发展趋势，有关新技术及专利状况、所涉及的计算方法等。

② 有关生产过程的资料，如工艺流程、生产操作条件、控制指标和安全规程等。

③ 设计所涉及物料的物性参数。

④ 在设计中所涉及工艺设计计算的数学模型及计算方法。

⑤ 设备设计的规范及实际参考图等。

（2）确定操作条件流程方案

① 确定设备的操作条件。如温度、压力和物流比等。

② 确定设备结构型式。比较各类设备结构的优缺点，得到可靠的设备型式。

③ 热能的综合利用，安全和环保措施等。

④ 确定单元设备的简单工艺流程图。

（3）主体设备的工艺设计计算

选择适宜的数学模型计算方法，按照任务书规定要求、给定的条件以及现有资料进行工艺设计计算。主要包括：

① 主体设备的物料与热量衡算。

② 设备特征尺寸计算。如精馏、吸收设备的塔径、塔高，换热设备的传热面积等，根据有关设备的规范和不同结构设备的流体力学，传质、传热动力学计算公式计算。

③ 流体力学验算，如流动阻力与操作范围验算。

（4）结构设计

在确定设备型式及主要尺寸的基础上，根据各种设备常用结构，参考有关资料与规范，详细设计设备各零部件的结构尺寸。如填料塔要求设计液体分布器、再分布器、填料支承、填料压板、各种接口等，板式塔要求确定塔板布置、溢流管、各种进出口结构、塔板支承、液体收集箱与侧线出入口、破沫网等。

（5）设计计算，绘图和编写说明书

整个设计是由论述、计算和图表三部分组成。论述应该条理清晰，观点明确；计算要求方法正确，误差小于设计要求，计算公式和所用数据必须注明出处；图表应能简要表达计算的结果。一个合理的设计往往必须进行多种方案的比较，多次设计计算方能获得。

三、化工原理课程设计的任务要求

化工原理课程设计要求每位学生完成设计说明书一份、图纸两张。各部分的具体要求如下。完整的课程设计报告由说明书和图纸两部分组成。设计说明书中应包括所有论述、原始数据、计算、表格等，编排顺序如下：
① 标题页（见附录一所示的标题页示例）；
② 设计任务书；
③ 目录；
④ 设计方案简介；
⑤ 工艺流程草图及说明；
⑥ 工艺计算及主体设备设计；
⑦ 辅助设备的计算及选型；
⑧ 设计结果概要或设计一览表；
⑨ 对本设计的评述；
⑩ 附图（带控制点的工艺流程简图、主体设备设计条件图）及参考文献。

思考题

1. 化工原理课程设计的目的是什么？
2. 化工原理课程设计的基本内容及步骤是什么？
3. 化工原理课程设计的基本要求是什么？

第一篇 化工原理课程设计基础

第一章 化工原理课程设计计算基础

一、主要设计参数

在化工原理课程设计过程中，将涉及众多的物理量和生产控制指标，将其统称为设计参数。这些设计参数的准确性对整个设计结果的准确性起着关键性的作用，因此，该部分是化工原理课程设计的基础。

（一）物性数据和物性估算

在化工原理课程设计中，既涉及化工过程，又涉及化工设备及材料等，所以在搜集和查阅文献时不能只限于教材及化工类资料，而应从多方面查寻。当制定过程工艺方案时，应从相关的专业书籍中查找；当设计单元操作过程时，应从查阅单元操作的专著入手；当考虑设备结构时，则应参考机械制造类手册确定所用规范等；进行工艺设计计算时，则要涉及系统物系的物性参数。

设计计算中的物性数据应尽可能使用实验测定值或从有关手册和文献中查取。有时手册上也以图表的形式提供某些物性的推算结果。常用的物性数据可在《化工原理》《物理化学》《化学工程手册》《石油化工手册》《化工工艺手册》《化工设计手册》等工具书中查取。从物性数据手册中收集到的物性数据，常常是纯组分的物性，而设计所遇到的物系一般为混合物。有些混合物的热力学参数可通过热力学方程进行推算，此类工作烦琐，专业性太强，实现难度较大，而通过实验研究，常常又受到条件限制。所以，通常采用一些经验混合规则作近似处理，获取混合物的物性参数。下面将对部分物性数据的计算进行介绍。

1. 密度 ρ

① 混合气体密度 ρ_{gm}。当压力不太高时，混合气体的密度可近似地由式(1-1) 或式(1-2)求得

$$\rho_{gm}=\sum_{i=1}^{n}\rho_{gi}y_i \tag{1-1}$$

$$\rho_{gm}=\frac{m}{V}=\frac{pM_m}{RT} \tag{1-2}$$

式中，ρ_{gi}、y_i 分别为混合气体中组分 i 的密度和摩尔分数；M_m 为混合气体的平均相对分子质量。对压力较高的混合气体应引入压缩因子 Z 予以校正。

② 混合液体的密度 $\rho_{L,m}$。混合液体的密度可由式(1-3) 求得

$$\frac{1}{\rho_{L,m}}=\sum_{i=1}^{n}\left(\frac{w_i}{\rho_{L,i}}\right) \tag{1-3}$$

式中，w_i、$\rho_{L,i}$ 分别为液体混合物中组分 i 的质量分数和密度。

2. 黏度 μ

（1）纯液体黏度的计算

$$\lg\mu_L=\frac{A}{T}-\frac{A}{B} \tag{1-4}$$

式中，μ_L 为液体温度为 T 时的黏度，mPa·s；T 为温度，K；A、B 为液体黏度常数，见表1-1。

表1-1 液体黏度常数

名称	黏度常数		名称	黏度常数	
	A	B		A	B
甲醇	555.30	260.64	1,2-二氯乙烷	473.93	277.98
乙醇	686.64	300.88	3-氯丙烯	368.27	210.61
苯	545.64	265.34	1,2-二氯丙烷	514.36	261.03
甲苯	467.33	255.24	二硫化碳	274.08	200.22
氯苯	477.76	276.22	四氯化碳	540.15	290.84
氯乙烯	276.90	167.04	丙酮	367.25	209.68
1,1-二氯乙烷	412.27	239.10			

（2）互溶液体的混合物黏度 $\mu_{L,m}$

由 Kendall-Mouroe 混合规则得

$$\mu_{L,m}^{1/3}=\sum_{i=1}^{n}(x_i\mu_{L,i}^{1/3}) \tag{1-5}$$

式中，$\mu_{L,i}$ 为与混合液同温度下组分的黏度，mPa·s；x_i 为 i 组分的摩尔分数。

此式适用于非电解质、非缔合性液体两组分的相对分子质量差及黏度差（$\Delta\mu>15$mPa·s）不大的液体。对油类计算误差为 $2\%\sim3\%$。

对于互溶非缔合性混合液体亦可用下列公式

$$\mu_{L,m}=\sum_{i=1}^{n}x_i\lg\mu_{L,i} \tag{1-6}$$

简单估算时可用下式

$$\mu_{Lm} = \sum_{i=1}^{n} x_i \mu_{Li} \tag{1-7}$$

（3）混合气体黏度 μ_{gm}

① 常压下纯气体黏度 μ_{gi} 可用式（1-8）计算。

$$\mu_{gi} = \mu_{0gi} \left(\frac{T}{273.15}\right)^m \tag{1-8}$$

式中，μ_{0gi} 为气体 i 在 0℃、1atm❶ 下的黏度，mPa·s；m 为关联指数。

某些常用气体的 μ_{0gi} 可由表 1-2 查得，m 值由表 1-3 查得。

表 1-2　0℃、1atm❶ 下的气体黏度

气体	μ/(mPa·s)	气体	μ/(mPa·s)
CO_2	1.34×10^{-2}	CS_2	0.89×10^{-2}
H_2	0.84×10^{-2}	SO_2	1.22×10^{-2}
CO	1.66×10^{-2}	NO_2	1.79×10^{-2}
CH_4	1.20×10^{-2}	NO	1.35×10^{-2}
O_2	1.87×10^{-2}	HCN	0.98×10^{-2}
H_2S	1.10×10^{-2}	NH_3	0.96×10^{-2}
N_2	1.66×10^{-2}	空气	1.71×10^{-2}

表 1-3　式（1-8）的 m 值

气体	m 值	气体	m 值
CH_4	0.8	CO	0.758
CO_2	0.935	NO	0.89
H_2	0.771	NH_3	0.981
N_2	0.756	空气	0.768

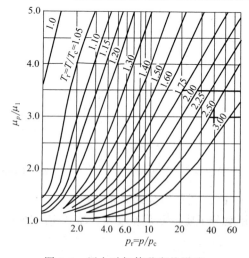

图 1-1　压力对气体黏度的影响

② 压力对气体黏度的影响。有压力时的气体黏度小，可用对比态原理从压力对气体黏度的影响图中查出。在相对温度 T_r 和相对压力 p_r 大于 1 的情况下，可由图 1-1 求得；多数情况下误差不大于 10%。

图 1-1 中，μ_1 为压力等于 1atm 时纯组分气体的黏度，μ_p 为压力 p 下的黏度。

③ 气体混合物黏度 μ_{gm}。在低压下混合气体黏度可由式（1-9）求得

$$\mu_{gm} = \frac{\sum y_i \mu_{gi} M_i^{1/2}}{\sum y_i M_i^{1/2}} \tag{1-9}$$

式中，μ_{gi} 为组分 i 的黏度；M_i 为组分 i 的相对

---

❶ 1atm = 1.013×10^5 Pa

分子质量。式(1-9) 对含氢气量较高的混合气体不适用，误差高达 10%。式(1-9) 中各组分的黏度由物性手册获得。

3. 热导率

(1) 液体混合物热导率 λ_{Lm}

有机液体混合物热导率 λ_{Lm} 可近似地由式(1-10) 求得

$$\lambda_{Lm} = \sum_{i=1}^{n} w_i \lambda_{Li} \tag{1-10}$$

有机液体水溶液热导率 λ_{Lm} 可近似地由式(1-11) 求得

$$\lambda_{Lm} = 0.9 \sum_{i=1}^{n} w_i \lambda_{Li} \tag{1-11}$$

胶体分散液及乳液热导率 λ_{Lm} 可近似地由式(1-12) 求得

$$\lambda_{Lm} = 0.9 \lambda_c \tag{1-12}$$

式中，λ_c 为连续相组分的热导率。

(2) 气体混合物热导率 λ_{gm}

① 非极性气体混合物。由式(1-13) Broraw 法估算非极性气体混合物的热导率 λ_{gm}。

$$\lambda_{gm} = 0.5(\lambda_{sm} + \lambda_{\xi m}) \tag{1-13}$$

式中，$\lambda_{sm} = \sum_{i=1}^{n} \lambda_{gi} y_i$；$\lambda_{\xi m} = 1/\sum_{i=1}^{n} (y_i/\lambda_{gi})$。

② 一般气体混合物。对一般气体混合物，热导率可由式(1-14) 求得

$$\lambda_{gm} = \frac{\sum_{i=1}^{n} \lambda_{gi} y_i M_i^{1/3}}{\sum_{i=1}^{n} y_i M_i^{1/3}} \tag{1-14}$$

式中，λ_{gi} 为组分 i 的热导率。

4. 比热容

(1) 理想气体定压比热容

$$c_p^0 = A + BT + CT^2 + DT^3 \tag{1-15}$$

式中，c_p^0 为理想气体定压比热容，J/(mol·K)；T 为计算比热容所取的温度，K；A，B，C，D 为理想气体比热容方程系数，见表 1-4。

表 1-4 理想气体比热容方程系数

名称	A	B	C	D
甲醇	5.052	1.694×10^{-2}	6.179×10^{-6}	-6.811×10^{-9}
乙醇	2.153	5.113×10^{-2}	-2.004×10^{-5}	0.328×10^{-9}
苯	-8.101	1.133×10^{-1}	-7.206×10^{-5}	1.703×10^{-8}
甲苯	-5.817	1.224×10^{-1}	-6.605×10^{-5}	1.173×10^{-8}
氯苯	-8.094	1.343×10^{-1}	-1.080×10^{-4}	3.407×10^{-8}
氯乙烯	1.421	4.823×10^{-2}	-3.669×10^{-5}	1.140×10^{-8}
1,1-二氯乙烷	2.979	6.439×10^{-2}	-4.896×10^{-5}	1.505×10^{-8}
1,2-二氯乙烷	4.893	5.518×10^{-2}	-3.435×10^{-5}	8.094×10^{-9}

续表

名称	A	B	C	D
3-氯丙烯	0.604	7.277×10^{-2}	5.442×10^{-5}	1.742×10^{-8}
1,2-二氯丙烷	2.496	8.729×10^{-2}	-6.219×10^{-5}	1.849×10^{-8}
二硫化碳	6.555	1.941×10^{-2}	-1.831×10^{-5}	6.384×10^{-8}
四氯化碳	9.725	4.893×10^{-2}	-5.421×10^{-5}	2.112×10^{-8}
丙酮	1.505	6.224×10^{-2}	-2.992×10^{-5}	4.867×10^{-9}

(2) 气体或液体混合物的比热容

气体或液体混合物的比热容由式(1-16)估算

$$c_{pm}=\sum_{i=1}^{n}x_{i}c_{pi} \text{ 或 } c'_{pm}=\sum_{i=1}^{n}w_{i}c'_{pi} \tag{1-16}$$

式中，c_{pm}、c_{pi} 分别为每千摩尔混合物及组分 i 的比热容；c'_{pm}、c'_{pi} 分别为每千克混合物及组分 i 的比热容。

式(1-16)的使用条件是：①各组分不互混；②低压气体混合物；③相似的非极性液体混合物（如碳氢化合物、液体金属）；④非电解质水溶液；⑤有机溶液；⑥不适用于混合热较大的互溶混合液。

5. 汽化潜热

混合物汽化潜热 γ_m 既可由质量加权平均计算，也可按摩尔分数加权平均计算。

$$\gamma_{m}=\sum_{i=1}^{n}x_{i}\gamma_{i} \text{ 或 } \gamma'_{m}=\sum_{i=1}^{n}w_{i}\gamma'_{i} \tag{1-17}$$

式中，γ_i 为组分 i 的分子汽化潜热，kJ/kmol；γ'_i 为组分 i 的汽化潜热，kJ/kg。

6. 表面张力

(1) 非水溶液混合物

混合物表面张力 σ_m 由式(1-18)求得

$$\sigma_{m}=\sum_{i=1}^{n}x_{i}\sigma_{i} \tag{1-18}$$

式中，x_i 为液相组分 i 的摩尔分数；σ_i 为组分 i 的表面张力。式(1-18)仅适于系统压力小于或等于大气压的条件。当系统压力大于大气压时，则参考有关数值手册。由于混合物系种类繁多，性质差异较大，一种混合规则难以适应各种混合物的需要，对于一些特殊混合物的性质还应查找专用物性数据手册。

(2) 含水溶液的表面张力

有机分子中的烃基是疏水性的有机基团，表面的浓度小于主体部分的浓度，因而当少量的有机物溶于水时，足以影响水的表面张力。如有机溶质含量不超过1%时，可应用式(1-19)求取溶液的表面张力 σ

$$\sigma/\sigma_{w}=1-0.411\lg\left(1+\frac{x}{\alpha}\right) \tag{1-19}$$

式中，σ_w 为纯水的表面张力，1×10^{-3} N/m；x 为有机溶质的摩尔分数；α 为物性常数，如表1-5所示。

表 1-5　式(1-19)中的物性常数 α 值

化合物	$\alpha \times 10^4$	化合物	$\alpha \times 10^4$	化合物	$\alpha \times 10^4$
丙酸	26	异丁醇	7	异戊醇	1.7
正丙醇	26	甲醇丙酯	8.5	正戊醇	1.7
异丙醇	26	乙酸乙酯	8.5	异戊酸	1.7
乙酸甲酯	26	丙酸甲酯	8.5	丙酸丙酯	1.0
正丙胺	19	二乙酮	8.5	正己酸	0.75
甲乙酮	19	丙酸乙酯	3.1	正庚酸	0.17
正丁酸	7	乙酸丙酯	3.1	正辛烷	0.034
异丁酸	7	正戊酸	1.7	正癸酸	0.0025
正丁醇	7				

7. 液体的饱和蒸气压

液体的饱和蒸气压可由 Antoine 方程计算

$$p^0 = A - \frac{B}{T+C} \tag{1-20}$$

式中，p^0 为温度 T 时的饱和蒸气压，kPa；T 为温度，K；A、B、C 为 Antoine 常数，参见表 1-6。

表 1-6　常见物质的 Antoine 常数

名称	A	B	C	名称	A	B	C
甲醇	16.5675	3626.55	−34.29	1,2-二氯乙烷	16.1764	2927.17	−50.22
乙醇	18.9119	3803.98	−41.68	3-氯丙烯	15.9772	2531.92	−47.15
苯	15.9008	2788.51	−52.36	1,2-二氯丙烷	16.0385	2985.07	−52.16
甲苯	16.0137	3096.52	−53.67	二硫化碳	15.9844	2690.85	−31.62
氯苯	16.0676	3295.12	−55.60	四氯化碳	15.8742	2808.19	−45.99
氯乙烯	14.9601	1803.84	−43.15	丙酮	16.0313	240.46	−35.93
1,1-二氯乙烷	16.0842	2697.29	−45.03				

(二) 设计过程数据

表明过程进行的状态和特征的物理量称为过程参数，常见的有温度（T）、压强（p）等。其中温度、压强又称状态参数，过程参数也常作为控制生产过程进行的主要操作控制指标。设计时，过程参数一般由任务书给定，少数是由设计者根据设计目的和条件经反复调整后确定，有时也可由图查得或用经验公式计算得到。度量物体温度的温标有以下 4 种。

1. 热力学温度（Kelvin Scale）

习惯上又称绝对温度。规定水的三相点温度加 273.16K。K 代表开尔文，简称"开"，是热力学温度单位。1K 是水的三相点热力学温度的 1/273.16。这一温度实际上是以理想气体定律与热力学定律为基础而得出的最低可能温度，并以此作为零点，而水的三相点温度则为 273.16K。

2. 摄氏温度（Celsius Scale）

以水的三相点温度作为 0℃，水的正常沸点为 100℃而规定的温标。它作为一个具有专门名称的导出单位而引入 SI 制，也是我国法定单位制规定可同时使用的温度单位。当表示温度差和温度间隔时，1℃＝1K。

3. 华氏温度（Fahrenheit Scale）

是英制采用的温标。它是以一种冰-盐混合物的温度作为零点，以健康人的血液温度为 96℉ 的温标。其单位为华氏度（℉）。

4. 兰金温度（Rankine Scale）

与热力学温度类似，也是以热力学最低可能温度作为零点的一种绝对温标，其温度间隔与华氏温度相同，单位为兰金度（°R）。华氏温度为 －459.68℉（常取 －460℉），不同温标间的换算关系如式(1-21)所示

$$T(K) = t(℃) + 273.16 = \frac{5}{9}[t(℉) + 459.68] = \frac{5}{9}t(°R) \tag{1-21}$$

资料、手册中常用的压强单位有：标准大气压（又称为物理大气压，atm），工程大气压，毫米汞柱（mmHg），毫米水柱（mmH$_2$O），磅/英寸^2（lb/in^2）及（kgf/cm^2）。SI 制单位为 N/m^2（Pa），查取数值时要注意换算。

工程上用压力表测定的压力为系统的表压，它与外界大气压之和称为绝对压力。

当系统内的操作压强小于外界大气压时，常用真空表测量，表上的读数称为真空度，其数值等于大气压强与系统绝对压强之差。

混合物组成的表达方式有很多，如质量分数、体积分数、分压、摩尔分数、比摩尔分数、比质量分数等，使用时要注意换算。

（三）设备结构数据

表征设备形状和大小的几何尺寸称为结构参数，如塔器的内径（D）、高度（z）、塔板间距（H_T）等。结构参数是设计者通过设计计算而确定的，是为设备的机械设计施工和安装提供的基本数据。不同设计对象的结构参数不同。除上述三方面的设计参数外，设计过程中还将涉及一些生产指标，具体如下。

1. 生产能力

不同生产过程、不同生产设备表示生产能力大小的方法往往不同，最常用的方法有两种。一种是用单位时间的处理量来表示。如某设备的生产能力为 1000kg/h，通常指该设备 1h 内能将 1000kg 原料生产成为一定数量的合格产品。另一种表示方法是用单位时间内获得的合格产品量来表征。如某合成氨厂的生产能力为 50000t/a，表示该厂一年能生产含 NH$_3$ 产品（折合成 100%NH$_3$）50000t。某些设备的生产能力常根据其具体特性而定，如蒸发器的生产能力就常用单位时间内蒸发的水分量来表示；换热器的生产能力则用单位时间内完成的换热量来表示等。设计任务书对设计对象的生产能力常有明确规定，设计者一定要按任务书的具体规定进行有关的设计计算。

2. 生产强度

评价生产设备的性能时，往往用生产强度而不用生产能力。所谓生产强度是指单位体积

(或单位面积)设备的生产能力。如蒸发器的生产强度就是指单位传热面积上单位时间内所能蒸发的水分量。生产强度也是评价设计成果经济性的重要指标,强化过程的主要途径是提高设备的生产强度。

3. 转化率

生产过程中,通过某一系统(或某一设备)进料或进料中的某个组分转化为成品的百分数称为转化率。转化率的高低表明了过程进行的完善程度。工业生产总是希望过程的转化率尽量高一些。对于纯物理过程的化工单元操作,通常用回收率(或收率)来表示转化率。所谓回收率是指进入产品的组分量与原料中该组分含量的比值。

除此之外,设计中还可能涉及产率、效率等生产指标,计算时均应注意其概念的准确性。

二、物料衡算和热量衡算

物料衡算和热量衡算是化工设计计算中最基本、最重要的内容之一。通过物料和热量衡算,计算生产过程的原料消耗指标、热负荷和产品产率等,为设计、选择反应器和其他设备的尺寸、类型及数量提供定量依据;可以核查生产过程中各物料量及有关数据是否正常,是否泄漏,热量回收、利用水平和热损失的大小,从而查出生产上的薄弱环节和限制部位,为改善操作和进行系统的最优化提供依据。

(一) 物料衡算

1. 物料衡算基本方程式

物料衡算总是围绕一个特定范围来进行,可称此范围为衡算系统。衡算系统可以一个总厂、一个分厂或车间、一套装置、一个设备、甚至一个节点等为控制对象。物料衡算的理论依据是质量守恒定律。

根据质量守恒定律可知进入任何过程的物料量应等于从该过程离开的物料量与该过程中的累积物料量之和,即

$$输入物料量 = 输出物料量 + 累积物料量$$

$$m_{in} = m_{out} + m_{accumulate} \tag{1-22}$$

式中,m_{in}为输入物料的总质量;m_{out}为输出物料的总质量;$m_{accumulate}$为系统内积累的物料质量。若此过程为稳态过程,则式(1-22)可简化为

$$m_{in} = m_{out} \tag{1-23}$$

上述关系可在整个过程的范围内使用,亦可在一个或几个设备的范围内使用,它既可针对全部物料运用,还可针对化合物的任一组分来运用(在没有化学反应发生时)。

2. 物料衡算步骤

化工生产的许多过程是比较复杂的,在对其做物料衡算时应该按一定步骤来进行,才能给出清晰的计算过程和正确的结果,通常遵循以下步骤。

① 绘出流程的方框图,以便选定衡算系统。图形表达方式应简单,但代表的内容要准确,进、出物料不能有任何遗漏,否则衡算会造成错误。

② 写出化学反应方程式并配平。如果反应过于复杂或反应不明确,写不出反应式,此时应用原子衡算法来进行计算,不必写反应式。

③ 选定衡算基准。衡算基准是为进行物料衡算所选择的起始物理量，包括物料名称、数量和单位，衡算结果得到的其他物料量均是相对于该基准而言的。衡算基准的选择以计算方便为原则，可以选取与衡算系统相关的任何一种物料或其中某个组分的一定量作为基准。例如，可以选取一定量的原料或产品（1kg、100kg、1mol、1m³等）为基准，也可选取单位时间（1h、1min、1s等）为基准。用单位量原料为基准，便于计算产率；用单位时间为基准，便于计算消耗指标和设备生产能力。选择衡算基准是个技巧问题，在计算中要重视训练，基准选择恰当，可以使计算大为简化。

④ 收集或计算各种必要的数据，要注意数据的适用范围和条件。

⑤ 设未知数，列方程组，联立求解。有几个未知数则应列出几个独立的方程式，这些方程式除物料衡算式外，有时尚需其他关系式，诸如组成关系约束式、化学平衡约束式、相平衡约束式、物料量比例等等。

⑥ 计算和核对。

⑦ 报告计算结果。通常将已知量及计算结果列成物料收支平衡表，表格可以有不同形式，但要全面反映输入及输出的各种物料和所包含组分的绝对量和相对含量。

（二）热量衡算

化工生产中需要热能，用来改变物料温度与聚集状态，以及提供反应所需的热量等。若操作中有几种能量相互转化，则其间的关系可通过能量衡算确定；若只涉及热能，衡算便简化为热量衡算。

1. 热量衡算基本方程式

在物料衡算基础上进行热量衡算，热量衡算的步骤与物料衡算基本相同。化工生产中，需要通过热量衡算解决的问题有：①确定物料输送机械和其他操作机械所需功率；②确定各单元过程所需热量或冷量及其传递速率；③化学反应所需的放热速率和供热速率；④做好余热综合利用。

绝大多数化工生产过程都是连续操作的，有物料的输入和输出，属于开放系统。对于一个设备或一套装置来说，进、出系统的压力变化不大（即相对总压而言，压降可忽略不计），可看作恒压过程。稳态流动反应过程就是一类最常见的恒压过程，在该系统内无能量积累，输入该系统的能量为输入物料的内能 U_{in} 和环境传入的热量 Q_p 之和（如果热量由系统传给环境，Q_p 应取负号，故也可放在输入端）；输出该系统的能量为输出物料的内能 U_{out} 和系统对外做功之和 W（如果是环境对系统做功，W 的符号应取负号，故仍可放在输出端）。根据能量守恒定律，热量衡算可写成

$$U_{in} + Q_p = U_{out} + W \tag{1-24}$$

大多数反应过程不做非体积功，所以式(1-24)可写成

$$U_{out} - U_{in} = Q_p - W_{体} \tag{1-25}$$

对于恒压过程，有 $p_{in} = p_{out} = p_{外}$，其中 p_{in} 为输入端压力，p_{out} 为输出端压力，$p_{外}$ 为外压力。设输入体积为 V_{in}，输出体积为 V_{out}，那么式(1-25)可写成

$$U_{out} - U_{in} = Q_p - p_{外}(V_{out} - V_{in}) = Q_p - p_{外}V_{out} + p_{外}V_{in} = Q_p - p_{out}V_{out} + p_{in}V_{in} \tag{1-26}$$

整理得到

$$(U_{in} + p_{in}V_{in}) + Q_p = (U_{out} + p_{out}V_{out}) \tag{1-27}$$

根据物理化学中的定义可知 $U+pV=H$，H 为焓，是状态函数，故式(1-27)可写成

$$H_{in} + Q_p = H_{out} \quad 或 \quad Q_p = H_{out} - H_{in} = \Delta H \tag{1-28}$$

此式也适用于宏观动能变化和位能变化可忽略不计的传热、传质过程，如热交换器、蒸馏塔等。

对于稳态流动系统，始态的焓 H_{in} 为输入物料的焓之和，终态的焓 H_{out} 为输出物料的焓之和。图 1-2 表示了一个稳态流动反应过程的热量衡算方框图。

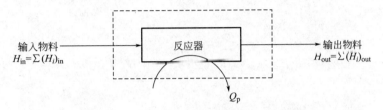

图 1-2　稳态流动反应过程的热量衡算方框图

如果反应器与环境无热交换，$Q_p=0$，称为绝热反应器，输入物料的总焓等于输出物料的总焓；Q_p 不等于零的反应器有等温反应器和变温反应器两类。等温反应器内各点及出口温度相同，入口温度严格地说也应相同，在生产中可以有一些差别。而变温反应器的入口、出口及器内各截面的温度均不相同。

由于内能绝对值难以测定，因此焓的绝对值也难测定。

在做热量衡算时应注意以下几点。

① 首先要确定衡算对象，即明确系统及其周围环境的范围，从而明确物料和热量的输入项和输出项。

② 选定物料衡算基准：进行热量衡算之前，一般要进行物料衡算求出各物料的量，有时物、热衡算方程式要联立求解，均应有同一物料衡算基准。

③ 确定温度基准：各种焓值均与状态有关，多数反应过程在恒压下进行，温度对焓值影响很大，许多文献资料、手册的图表、公式中给出的各种焓值和其他热力学数据均有其温度基准，一般多以 298 K（或 273 K）为基准温度。

④ 注意物质的相态：同一物质在相变前后是有焓变的，计算时一定要确定物质所处的相态。

2. 热量衡算基本方法及步骤

(1) 热量衡算基准

热量衡算基准常用设备的小时进料量表示。基准态可以任意规定，不同物料可使用不同的基准，但对同一种物料只能用一个基准。

(2) 热量衡算步骤

① 建立以单位时间为基准的物料流程图或物料平衡表。

② 选定计算基准温度和计算相态：可选 0℃（273K）、25℃（298K）或其他温度作为基准温度。

③ 在物料流程图上标明已知温度、压力、相态等条件，查出或计算每个物料的焓值，标注在图上。

④ 列出热量衡算式，用数学方法求解。
⑤ 当生产过程及物料组成较复杂时，可列出热量衡算表。

思考题

1. 化工原理课程设计中用到的主要物性参数有哪些？
2. 什么是物料衡算和热量衡算？衡算的步骤和方法是什么？

第二章 化工单元设备设计基础

化工设备图是表达化工设备的结构、形状、大小、性能和制造、安装等技术要求的工程图样。由于化工设备的特殊性,在化工设备图中除了要遵守机械制图有关国标规定外,还要遵守化工设备图特有的规定及内容,以满足化工设备特定的技术要求以及严格的图样管理需要。

化工设备图中除了有与一般机械装配图相同的内容,如一组视图、必要的尺寸、技术要求、明细栏及标题栏外,还有技术特性表、接管表、修改表、选用表以及图纸目录等内容。

本章将着重介绍化工设备绘图基础、设备装置图、设备布置图、装配图绘制方法和步骤等内容。

一、化工设备绘图基础

(1) 比例

图样中机件要素的线性尺寸与实际机件相应要素的线性尺寸之比称为比例。按 GB/T 14690—1993 的规定,在标题栏中填写。画图时尽可能采用 1:1。当机件过大时,可缩小比例,如 1:1.5,1:2,1:2.5,1:3,1:4,1:5,1:1×10^n,1:1.5×10^n,1:2×10^n,1:2.5×10^n,1:5×10^n。当机件过小时,可放大比例,如 2:1,2.5:1,4:1,5:1,10^n:1。

(2) 图幅

图纸的幅面是指图纸本身的大小规格,图框是绘图范围的边线,如表 2-1 所示。以短边作垂直边的图纸称为横式幅面(如图 2-1 所示),以短边作水平边的图纸称为立式幅面(如图 2-2 所示),需要根据设备图的大小、比例进行适当的选择。

表 2-1 幅面及图框尺寸 单位:mm

尺寸代号	A0	A1	A2	A3	A4
$b×l$	841×1189	594×841	420×594	297×420	210×297
c	10	10	10	5	5
a	25	25	25	25	25

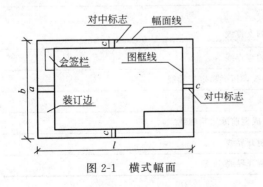

图 2-1 横式幅面

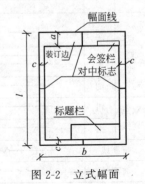

图 2-2 立式幅面

3. 字体

汉字应写成仿宋体。图样中的数字，一般采用斜体。字母有大写、小写和正体、斜体之分。图上的文字、符号、代号应符合 GB/T 14690—1993 的规定。数字和字母采用 3.5 号字体，说明等采用 5 号字体；管口符号采用小写英文字母。从主视图左下方开始排列，按顺时针方向顺序排列。

4. 图线

画在图纸上的线条统称图线，图线有粗、中、细之分。图线的表示方法及用途如表 2-2 所示。图线的应用实例如图 2-3 所示。

表 2-2　图线的表示方法及用途

名称		线型	用途
实线	粗	———	1. 一般做主要轮廓线 2. 平、剖面图中主要构配件断面的轮廓线 3. 建筑立面图中外轮廓线 4. 详图中主要部分的断面轮廓线和外轮廓线 5. 总平面图中新建筑物的可见轮廓线
	中	———	1. 建筑平、立、剖面图中一般构配件的轮廓线 2. 平、剖面图中次要断面的轮廓线 3. 总平面图中新建道路、桥涵、围墙等及其他设施的可见轮廓线和区域分界线 4. 尺寸起止符号
	细	———	1. 总平面图中新建人行道、排水沟、草地、花坛等可见轮廓线，原有建筑物、铁路、道路、桥涵、围墙的可见轮廓线 2. 图例线，索引符号，尺寸线，尺寸界线，引出线，标高符号，较小图形的中心线
虚线	粗	- - - - -	1. 新建建筑物的不可见轮廓线 2. 结构图上不可见钢筋及螺栓线 3. 给排水工程图中的给水管道
	中	- - - - -	1. 一般不可见轮廓线 2. 建筑构造及建筑标配件不可见轮廓线 3. 总平面图计划扩建的平面物、铁路、道路、桥涵、围墙及其他设施的轮廓线 4. 平面图中吊车轮廓线
	细	- - - - -	1. 总平面图上原有建筑物和道路、桥涵、围墙等设施的不可见轮廓线 2. 结构详图中不可见钢筋混凝土构件轮廓线 3. 图例线
点划线	粗	—·—·—	1. 吊车轨道线 2. 结构图中的支撑线
	中	—·—·—	土方填挖区的零点线
	细	—·—·—	分水线，中心线，对称线，定位轴线
双点划线	粗	—··—··—	预应力钢筋线
	细	—··—··—	假想轮廓线，成型前原始轮廓线
折断线		——/——	不需画全的断开线
波浪线		∼∼∼∼	不需画全的断开线

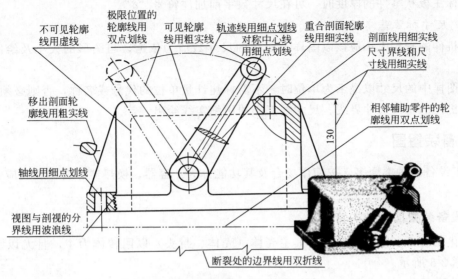

图 2-3 图线应用实例

5. 尺寸标注

图样上的尺寸由尺寸界线、尺寸线、尺寸起止符号和尺寸数字组成。尺寸线、尺寸界线用细实线绘画。尺寸界线一般应与被注长度垂直，其一端应离开图样的轮廓线不小于2mm，另一端超出尺寸线2~3mm，必要时可利用轮廓线做尺寸界线。尺寸起止符号有两种：箭头和粗短斜线。尺寸标注实例如图2-4所示。

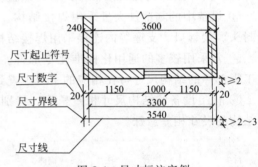

图 2-4 尺寸标注实例

(1) 尺寸标注一般方法

① 线性尺寸界线和尺寸线：尺寸界线表明尺寸的界限，用细实线绘制，并应由图形的轮廓线、轴线或对称中心线引出。尺寸线表明尺寸的长短，必须用细实线单独绘制，不能借用图形中的任何图线。不得与其他图线重合或画在其延长线上。

② 尺寸线终端：机械图上的尺寸线终端一般画成箭头，表明尺寸的起止。其尖端应与尺寸界线相接触，且尽量画在两尺寸界线的内侧（注意：同一张图样上，尺寸线终端形式只采用一种）。

③ 尺寸数字：线性尺寸的数字一般写在尺寸线的上方或中断处（注意：尺寸数字不允许任何图线通过，否则必须将该图线断开。同一张图上字号要一致，一般采用3.5号字）。

④ 角度的注法：尺寸界线沿径向引出，尺寸线是以该角顶点为圆心的一段圆弧。角度的数字一律水平书写，并配置在尺寸线的中断处。

(2) 标注尺寸符号

① 标注直径时在尺寸数字前加注"ϕ"；标注半径时加"R"；标注球面直径或半径时，在符号"ϕ"或"R"前加注"S"。对于螺钉、铆钉的头部、轴（包括螺杆）的端部以及手柄的端部等，在不引起误解的情况下，可省略符号"S"。

② 标注弧长时，应在尺寸数字上加注符号"⌒"。

第二章 化工单元设备设计基础

③ 标注板状零件的厚度时，可在尺寸数字前加注符号"δ"。

（3）尺寸标注基本规则

① 机件的真实大小应该以图样上所注的尺寸数值为依据，与图形的大小及绘图的准确度无关。

② 图样中的尺寸以毫米为单位时，不需标注计量单位的代号或名称，否则必须注明。

③ 机件的每一尺寸界线、尺寸线都必须用细实线绘出。

二、设备装置图

化工设备的种类繁多，按使用场合及其功能分为：容器、换热器、塔器和反应器4种典型设备。

1. 设备装置图的结构特点

① 化工设备多为壳体容器。其主壳体（壳体、封头）以回转体为主，且尤以圆柱体居多，如图2-5所示。

② 为满足化工工艺要求，设备主体上有较多的开孔和接管口，以连接管道和装配各种零部件。筒体上有人孔和接管口，容器顶盖会有液面计接管口等。

③ 设备中的零部件大量采用焊接结构。如图2-5中筒体由钢板弯卷后焊接成形，筒体与封头、接管口、支座等的连接采用焊接结构。

④ 常采用较多的通用化标准化零部件。法兰、人孔、封头是标准化的零部件。常用的化工零部件的结构尺寸可在相应的手册中查到。

⑤ 化工设备的结构尺寸相差悬殊。特别是总体尺寸与设备壳体的壁厚尺寸，或某些细小结构的尺寸相差悬殊。

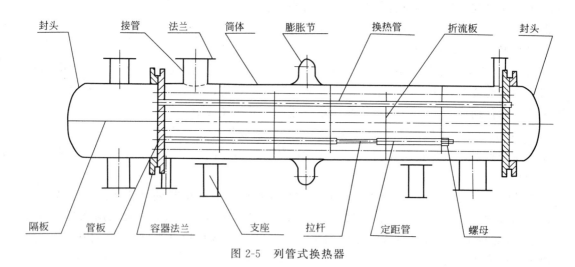

图 2-5　列管式换热器

2. 设备装置图的表达特点

（1）基本视图的选择和配置

化工设备的主体结构较为简单，且以回转体居多，通常选择两个基本视图来表示。立式设备通常采用主、俯两个基本视图，卧式设备通常采用主、左两个基本视图来表示设备的主体结构。主视图主要表达设备的装配关系、工作原理和基本结构，通常采用全剖视或局部剖视。俯（左）视图主要表达管口的径向方位及设备的基本形状，当设备径向结构简单，且另画了管口方位图时，俯（左）视图也可以不画。

（2）多次旋转表达法

由于化工设备多为回转体，设备壳体周围分布着各种管口或零部件，为在主视图上清楚地表达它们的结构形状、装配关系和轴向位置，常采用多次旋转的表达方法。即假想将设备上处于不同周向方位的一些接管、孔口或其他结构，分别旋转到与主视图所在的投影面平行的位置，然后画出其视图或剖视图。

需要注意的是：多接管口旋转方向的选择，应避免各零部件的投影在主视图上造成重叠现象。对于采用多次旋转后在主视图上未能表达的结构，用其他的局部剖视图来表示。另外，在基本视图上采用多次旋转的表达方法时，表示剖切位置的剖切符号及剖视图的名称都允许不予标注。但这些结构的周向方位要以俯视图或管口方位图为准，为了避免混乱，同一结构在不同视图中应用相同的英文字母编号。

（3）局部结构的表达方法

由于化工设备各部分尺寸大小相差悬殊，按基本视图的绘图比例，往往无法同时将某些局部结构表达清楚。为了解决这个矛盾，常采用局部放大图——俗称节点图的表达方法。设备的焊接接头及法兰连接面等尤为常用。在必要时，局部放大图可采用几个视图来表达同一个放大部分的结构，其画法和标注与机械制图中的局部放大图是一致的。局部放大图可以按比例或不按比例画，但必须注明。

（4）夸大的表达方法

对于化工设备的壳体、垫片、挡板、折流板等的厚度，在绘图比例缩小较多（如1：10）时，其尺寸按比例一般难以画出，这就需要适当夸大地画出它们的厚度。

（5）断开和分段表达方法

较长（或较高）的设备，在一定长度（或高度）方向上的形状结构相同，按规律变化或重复时，可采用断开的画法，以便于选用较大的作图比例和合理地利用图幅。有些设备形体较长，又不适于断开画法，则可采用分段表示的方法画出。

（6）管口方位的表达方法

化工设备上的管口较多，它们的方位在设备的制造、安装和使用时都极为重要，必须在图样中表达清楚。设备管口的轴向位置可用多次旋转的表达方法在主视图上画出，而设备管口的周向方位，则必须用俯视图或管口方位图予以正确表达。管口在设备上的径向方位，除在俯（左）视图上表示外，还可仅画出设备的外圆轮廓，用点划线画出管口中心线表示管口位置，用粗实线示意性地画出设备管口，并注出设备中心线及管口的方位角度。管口方位图上应标注与主视图上相同的管口符号。如果俯视图已将各管口方位表达清楚，可不必另画管口方位图。

三、设备布置图

设备布置图指导设备的安装、布置，是化工设计、施工、设备安装的重要技术文件之一。设备布置图是厂房建筑、管道布置的参照物。

1. 设备布置图的内容

① 一组视图。表达厂房建筑的基本结构及设备在其内外的布置情况。

② 尺寸及标注。注明与设备布置有关的尺寸及建筑定位轴线编号、设备的位号、名称等。

③ 安装方位标。表示安装方位基准的图标。

④ 设备一览表。将设备的位号、名称、技术规格及有关参数列表说明。

⑤ 标题栏。填写图名、图号、比例、设计者等。

2. 图示方法

① 一般按工艺主项绘制。可采用分区绘制，各区的相对位置在装置总图中表明。

② 常采用一号图。比例为常用比例（1∶100）。

③ 一般简单的可用平面图表示。如厂房有多层建筑时，可增加立面剖视图。

④ 视图的表达方法。设备布置图中主要是建筑物，设备及构件可只画出其轮廓线。设备用粗实线绘出。对一台设备穿过多层建筑物时，在每层平面图上均要画出设备的平面位置。

3. 设备布置图的标注

包括厂房建筑定位轴线的编号，建筑物及其构件尺寸、设备的位号、名称、定位尺寸等。

设备定位尺寸的标注原则如下。

① 卧式容器的定位尺寸以容器的中心线和靠近柱轴线一端的支座为基准。

② 立式反应器、塔、槽、罐和换热器的定位尺寸以中心线为基准。

③ 以中心线和出口法兰中心线为基准。

4. 设备安装详图及管口方位图

设备安装详图的画法与机械制图相似。主要表达内容按国标绘制。

（1）设备安装详图

表示用于固定设备的支架、吊架、挂架及设备的操作平台、附属的栈桥、钢梯等结构的图样。设备安装详图包括：

① 一组视图。表示支架各组成部分的结构形状、装配关系、支架与设备的连接情况等。

② 尺寸标注。标出各组成部分的定形、定位尺寸，与设备安装定位有关的尺寸。

③ 零部件编号及明细表、对各组成部分进行编号及列表注明有关名称、规格、数量等内容。

④ 标题栏中标出图名、图号、比例等。

（2）管口方位图

管口方位图是制造设备时确定各管口方径、管口与支座及地脚螺栓等相对位置的图样，是安装设备时确定安装方位的依据。只需简画出一个能反映设备管口方位的视图，对立式设备采用俯视图，对卧式设备采用左或右视图。注明各管口的符号，并编上号，在标题栏上方列出管口表以注明其管口的有关参数。

5. 设备布置图的绘制

考虑设备布置图的合理性，设备平面位置必须满足工艺、经济、用户的要求。绘制方法与步骤如下。

①确定视图配置；②选定比例与图幅；③制平面图；④绘制剖视图；⑤绘制方位标；

⑥绘制设备一览表；⑦注出有关说明，填写标题栏；⑧检查，校核，完成全图。

四、装配图

装配图是设计、制造、装配、检验、安装、使用维修等工作的重要依据，是生产中的重要技术文件之一。

1. 装配图的内容

① 一组图形。用各种表达方法，正确、完整、清晰和简便地表达机器或部件的工作原理，各零件的装配关系、连接方式、传动路线以及零件的主要结构形状。

② 必要的尺寸。在装配图中，应标注出表示机器或部件的性能、规格以及装配、安装检验、运输等方面所必需的一些尺寸。

③ 技术要求。用文字或符号注写出机器或部件性能、装配和调整要求、验收条件、试验和使用规则等。

④ 零件的编号、明细栏和标题栏。为了便于看图、管理图样和进行生产前的准备工作，在装配图中，应按一定的格式，对零、部件进行编号，并画出明细栏，明细栏说明机器或部件上各零件的序号、名称、数量、材料及备注等。在标题栏中填入机器或部件的名称、质量、图号、比例以及设计、审核者的签名和日期等。

2. 装配图绘制方法和步骤

（1）剖析、了解所画的对象

在画装配图之前，首先要对所画的对象有深入的了解。在进行产品设计时，首先应根据设计要求进行调查研究，在此基础上拟定结构方案。进行一些初步估算，然后开始画图。在画图过程中，还要对各部分详细结构不断完善。因此，画图的过程，也是设计的过程。

若由现有的机器设备经过测绘画装配图时，也要先搞清机器或部件的用途、工作原理、各零件的相对位置、装配关系和传动路线等。做到对所画对象结构等有全面的了解，然后再着手画图。

（2）确定表达方案

在对机器或部件有了较清楚的了解后，可根据实际情况灵活选用装配图的各种表达方法，确定最佳的表达方案。其中包括选择主视图、确定其他表达方法及视图数量。

① 选择主视图。主视图应能较多地表达出机器或部件的工作原理、零件间的主要装配关系、传动路线、连接方式及主要零件结构形状的特征，同时还要考虑部件的工作位置。一般在机器或部件中，将装配关系密切的一些零件，称为装配干线。机器或部件一般都由一些主要或次要的装配干线组成。为了清楚地表达这些内部结构，一般通过主要装配干线的轴线剖开部件，画出剖视图作为装配图的主视图。

② 确定其他表达方法及视图数量。主视图确定后，确认机器或部件的装配关系、连接方式、结构特点等是否都表达完整清楚了，若还有没表达清楚的地方，应考虑选择其他表达方法并增加视图的数量，加以补充。如果部件比较复杂，还可以同时对几种表达方案进行比较，最后确定一个比较好的表达方案。

（3）绘制装配图的步骤

① 确定绘图比例、图幅，画图框。装配图的表达方案确定后，应根据部件的真实大小及其结构的复杂程度，确定合适的比例和图幅，画出图框、标题栏和明细栏。

② 合理布图，画出基准线。根据视图的数量及大小合理地布置各视图。布图时应同时考虑标题栏、明细栏、零件编号、标尺寸和技术要求等所需的位置，然后画出各视图的主要基准线。画出三视图中装配干线的轴线和中心线，主、左视图中底面和俯视图中主要对称面的对称线。

③ 绘制部件的主要结构部分。根据部件的具体结构，确定主要装配干线，然后在这条干线上先后画出起定位作用的基准件，再画其他零件。这样画图较准确，误差小，保证各零件间相互位置准确。基准件可根据具体机器或部件分析判断，当装配基准件不明显时，则先画主要零件。

画图时，可从主视图画起，几个视图相互配合一起画；也可先画出某一视图，然后再逐次画其他视图，此时亦应注意各视图间要符合投影关系。画零件时，要注意零件间的装配关系，两相邻零件表面是否接触，是否为配合面，以及相互遮挡等问题，同时还要检查零件间有无干扰和互相碰撞，以便正确画出相应的投影。

在画每个视图时，还应考虑是从外向内画，还是从内向外画。从外向内就是从机器或部件的机体出发，逐次向内画出各零件；而从内向外画就是从里面的主要装配干线出发，逐次向外扩展。通常在剖视图中，采用从内向外的画法。画图时，这两种画法可根据不同结构灵活选用，常常将二者结合起来使用。

④ 绘制部件的次要结构部分。主要结构和重要零件画完后，再逐步画出次要的结构部分。

⑤ 标注尺寸，编写序号，填写明细栏、标题栏和技术要求。

⑥ 检查校核、完成全图。装配图的底稿画完后，除检查零件的主要结构外，还要特别注意视图上细节部分的投影是否有遗漏和错误，以便及时纠正。底稿检查完后可加深图线并画剖面代号，最后完成全图。

五、主要设计软件简介

1. Aspen Plus 软件简介

Aspen Plus 是一款功能强大的集化工设计、动态模拟等计算于一体的大型通用流程模拟软件，基于稳态化模拟、优化、灵敏度分析和经济评价等软件，为用户提供一系列完整的单元操作模块，可用于各种操作过程的模拟（包括从单个操作到整个工艺流程的模拟操作），详见第三篇。

2. AutoCAD 软件简介

AutoCAD（Autodesk Computer Aided Design）是 Autodesk（欧特克）公司于 1982 年开发的自动计算机辅助设计软件，用于二维绘图、详细绘制、设计文档和基本三维设计，现已经成为国际上广为流行的绘图工具。AutoCAD 具有良好的用户界面，通过交互菜单或命令行方式可以进行各种操作。它的多文档设计环境，让非计算机专业人员也能很快地学会使用。在不断实践的过程中更好地掌握它的各种应用和开发技巧，从而不断提高工作效率，AutoCAD 具有广泛的适应性，它可以在各种操作系统支持的微型计算机和工作站上运行。使用 AutoCAD 无需懂得编程，即可自动制图，因此它在全球广泛使用，可以用于土木建筑、装饰装潢、工业制图、工程制图、电子工业、服装加工等多个领域。AutoCAD 具有完善的图形绘制功能、强大的图形编辑功能，可以采用多种方式进行二次开发或用户定制，可以进行多种图形格式的转换，具有较强的数据交换能力，支持多种硬件设备和多种操作平台，具有通用性、易用性，适用于各类用户，此外，从 AutoCAD2000 开始，该系统又增添了许多强大的功能，如 AutoCAD 设计中心（ADC）、多文档设计环境（MDE）、Internet 驱动、新的对象捕捉功能、增强的标注功能以及局部打开和局部加载的功能等。

3. PRO/Ⅱ 软件简介

PRO/Ⅱ是一款历史久远、通用性强的化工稳态流程模拟软件，起源于 1967 年 SimSci 公司开发的蒸馏模拟器 SP05，到 1979 年该公司推出了一款基于计算机的流程模拟软件 Process，即 PRO/Ⅱ的前身，很快 Process 软件成为流程模拟软件的国际标准，并迎来了快速的发展。而最新推出的 PRO/Ⅱ拥有完善的物性数据库，强大的热力学物性技术系统以及 40 多种单元操作模块，它可以用于流程的物性计算、稳态模拟、设备计算，也可以用于费用评估、环境评测等计算，还可以模拟整个生产工厂物料输送、发生复杂的反应以及分离过程所用的装置及流程，广泛应用于石油化工、精细化工、煤化工、轻化工、复合材料、生物制药等领域。它的主要优点是具有强大的纯组分库，其纯组分超过了 1750 种，并允许用户定义或覆盖所有组分的性质。它提供了一系列工业标准方法用于计算物性的热力学性质，还可以关联相平衡数据等。

此外，较为知名的化工设计软件还有 Hyprotech 公司开发的大型专家系统软件 HYSYS，Chemstations 公司推出的 ChemCAD，主要应用于化工生产方面的工艺开发、优化设计、技术改造。青岛科技大学自行开发的模拟系统软件 ECSS，可以用来进行物性推算、单级过程模拟、反应过程模拟、工艺流程系统模拟等。

思考题

1. 化工设计中图幅、比例的选择及要求？
2. 化工设备装置图的结构特点？
3. 化工设备布置图的组成部分？
4. 化工设备布置图的绘制步骤？
5. 化工设计中绘制装配图的步骤及要求？

第二篇 主要单元设备设计

第三章 换热器设计

一、换热器概述

换热器是将热流体的部分热量传递给冷流体的设备，以实现不同温度流体间的热能传递，又称热交换器。换热器是实现化工生产过程中热量交换和传递不可缺少的设备。

在换热器中，至少有两种温度不同的流体，一种流体温度较高，放出热量；另一种流体温度较低，吸收热量。在工程实践中有时也会存在两种以上的流体参加换热，但它的基本原理与前一种情形并无本质上的区别。

换热器是化工、石油、动力、制冷、食品等行业的通用设备，占有十分重要的地位。随着我国工业的不断发展，对能源利用、开发和节约的要求不断提高，因而对换热器的要求也日益严格。换热器的设计制造结构改进以及传热机理的研究促进了一些新型高效换热器的相继问世。

二、列管式换热器的结构

1. 管程结构

（1）换热管规格和排列方式的选择

设备拆装（换热器）

换热管直径越小，换热器单位体积的传热面积越大。因此，对于洁净的流体管径可取小些，对于不洁净或易结垢的流体，管径应取得大些，以免堵塞。考虑到制造和维修的方便，加热管的规格不宜过多。目前我国试行的系列标准规定采用 $\phi 25mm \times 2.5mm$ 和 $\phi 19mm \times 2mm$ 两种规格，这两种规格对一般流体是适用的。此外，还有 $\phi 38mm \times 2.5mm$、$\phi 57mm \times$

2.5mm 的无缝钢管和 ϕ25mm×2mm、ϕ38mm×2.5mm 的耐酸不锈钢管。

按选定的管径和流速确定管数，再根据所需传热面积，求得管长。实际所取管长应根据出厂的钢管长度合理截用。我国钢管系列标准中管长有 1.5m、2m、3m、4.5m、6m 和 9m 六种，其中以 3m 和 6m 更为普遍。同时，管长又应与管径相适应，一般管长与管径之比，即 L/D 为 4～6。

管子的排列方式有等边三角形和正方形两种［见图 3-1(a) 和（b）］。与正方形排列相比，等边三角形排列比较紧凑，管外流体湍动程度高，表面传热系数大。正方形排列虽比较松散，传热效果也较差，但管外清洗方便，对易结垢的流体更为适用。如将正方形排列的管束旋转 45°安装［见图 3-1(c)］，可在一定程度上提高表面传热系数。

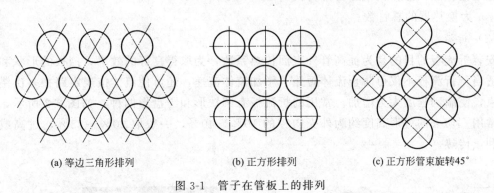

(a) 等边三角形排列　　(b) 正方形排列　　(c) 正方形管束旋转45°

图 3-1　管子在管板上的排列

（2）管板

固定管板式换热器的两端管板采用焊接方法与壳体连接固定。管板的作用是将受热管束连接在一起，并将管程和壳程的流体分开。

（3）封头和管箱

封头。封头有方形和圆形两种，方形用于直径小的壳体（一般小于 400mm），圆形用于直径大的壳体。

管箱。列管式换热器管箱即换热器的端盖，又称分配室，用于分配液体和起封头的作用。压力较低时可采用平盖，压力较高时则采用凸形盖，用法兰与管板连接。检修时可拆下管箱对管子进行清洗或更换。

管箱的最小内侧深度应符合以下四个条件：

① 轴向开孔的单管程管箱，开口中心处的最小深度应不小于接管内径的 1/3。

② 多管程的内侧深度应保证两程之间的最小流通面积不小于每管程换热管流通面积的 1.3 倍，当操作允许时也可等于换热管的流通面积。

③ 管箱长度还应考虑管程进出管开孔补强应力的影响范围，如果紧挨壳程进出管，还应考虑装卸螺栓螺母，个别情况还应考虑人进入管箱维护的空间。

④ 管箱的长度应考虑接管到封头切线的距离，接管焊缝到法兰密封面之间的距离，管箱的长度应尽量短一些。

2. 壳程结构

（1）壳体

换热器壳体的内径应等于或稍大于（对浮头式换热器而言）管板的直径。根据计算出的实际管数、管径、管中心距及管子的排列方法等，可用作图法确定壳体的内径。但是，当管数较多又要反复计算时，作图法麻烦且费时，一般在初步设计时，可先分别选定两流体的流速，然后计算所需的管程和壳程的流通截面积，于系列标准中查出外壳的直径。待全部设计完成后，仍应用作图法画出管子排列图。为了使管子排列均匀，防止流体走"短路"，可以适当增减一些管子。

另外，初步设计中也可用下式计算壳体的内径，即：

$$D = t(n_c - 1) + 2b' \tag{3-1}$$

式中，D 为壳体内径，m；t 为管中心距，m；n_c 为横过管束中心线的管数；b' 为管束中心线上最外层管的中心至壳体内壁的距离，一般取 $b' = (1\sim1.5)d_0$，d_0 为管外径。

管子按正三角形排列或正方形排列时 $n_c = 1.1\sqrt{n}$

式中，n 为换热器的总管数。

（2）折流板

安装折流板的目的是为提高管外表面传热系数，为取得良好的效果，挡板的形状和间距必须适当。折流板不仅可防止流体短路、增加流体流速，还可使流体按规定路径多次错流通过管束，使湍动程度大为增加。常用的折流板有圆缺形和圆盘形两种，如图 3-2 所示，前者更为常用。切去的弓形高度约为外壳内径的 10%～40%，一般取 20%～25%，过高或过低都不利于传热。

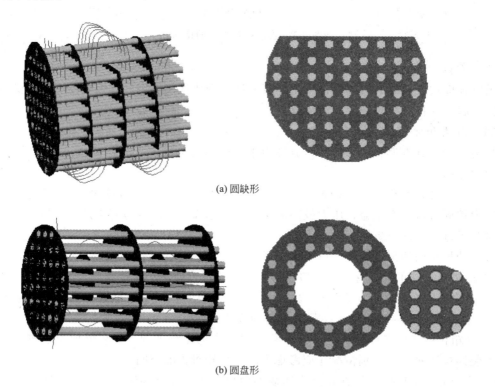

(a) 圆缺形

(b) 圆盘形

图 3-2 折流板

对圆缺形挡板而言，弓形缺口的大小对壳程流体的流动情况有重要影响。由图 3-3 可以看出，弓形缺口太大或太小都会产生"死区"，既不利于传热，又增加了流体阻力。

挡板的间距对壳体的流动亦有重要的影响。间距太大，不能保证流体垂直流过管束，使管外表面传热系数下降；间距太小，不便于制造和检修，阻力损失亦大。一般取挡板间距为

(a) 切除过少　　　　　　　(b) 切除适当　　　　　　　(c) 切除过多

图 3-3　挡板切除对流动的影响

壳体内径的 0.2～1.0 倍。我国系列标准中采用的挡板间距为：固定管板式有 100mm、150mm、200mm、300mm、450mm、600mm、700mm 七种；浮头式有 100mm、150mm、200mm、250mm、300mm、350mm、450mm（或 480mm）、600mm 八种。

装有圆形折流板的列管式换热器如图 3-4 所示。

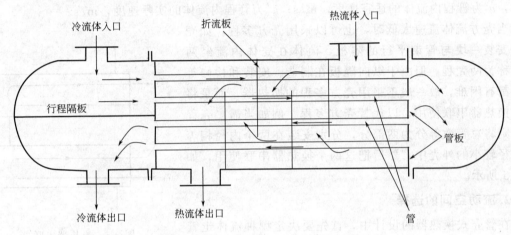

图 3-4　装有圆形折流板的列管式换热器

（3）缓冲板

为防止壳程流体进入换热器时对管束的冲击，可在进料管口装设缓冲板。

（4）其他主要附件

导流筒。壳程流体的进、出口和管板间必存在有一段流体不能流动的空间（死区），为了提高传热效果，常在管束外增设导流筒，使流体进、出壳程时必然经过这个空间。

放气孔、排液孔。换热器的壳体上常装有放气孔和排液孔，以排除不凝性气体和冷凝液等。

接管尺寸。换热器中流体进、出口的接管直径按下式计算，即

$$d = \sqrt{\frac{4V_s}{\pi u}} \tag{3-2}$$

式中，V_s 为流体的体积流量，m^3/s；u 为接管中流体的流速，m/s。

流速 u 的经验值为：

对液体 $u=1.5\sim 2\ m/s$；

对蒸汽 $u=20\sim 50\ m/s$；

对气体 $u = (15\sim20)\, p/\rho$；

式中，p 为压强，atm，1atm=101.325kPa；ρ 为气体密度，kg/m³。

三、设计方案选择

1. 管程和壳程数的确定

当流体的流量较小或传热面积较大而需管数很多时，有时会使管内流速较低，因而对流给热系数较小。为了提高管内流速，可采用多管程。但是管程数过多会导致管程流体阻力加大，动力费用增加，同时多管程会使平均温度差下降，多程隔板也会使管板上可利用的面积减少，设计时应考虑这些问题。列管式换热器的系列标准中管程数有 1、2、4 和 6 程 4 种。采用多管程时，通常应使每程的管数大致相等。

管程数 m 可按下式计算，即

$$m = \frac{u}{u'} \tag{3-3}$$

式中，u 为管程内流体的适宜速度，m/s；u' 为管程内流体的实际速度，m/s。

当壳方流体流速太低时，也可以采用壳方多程。如壳体内安装一块与管束平行的隔板，流体在壳体内流经两次，称为两壳程。但由于纵向隔板在制造、安装和检修等方面都有困难，故一般不采用壳方多程的换热器，而是将几个换热器串联使用，以代替壳方多程。例如当需二壳程时，则将总管数等分为两部分，分别安装在两个内径相等而直径较小的外壳中，然后把这两个换热器串联使用，如图 3-5 所示。

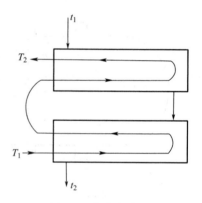

图 3-5 换热器串联

2. 流动空间的选择

在管壳式换热器的设计中，首先要决定哪种流体走管程，哪种流体走壳程。这需要遵循一些一般原则。

① 应尽量提高两侧传热系数较小的一个，使传热面两侧的传热系数接近。

② 在运行温度较高的换热器中，应尽量减少热量的损失，而对于一些制冷装置，应尽量减少其冷量的损失。

③ 管、壳程的选择应尽量做到易于清洗除垢和修理，以保证运行的可靠性。

④ 应减小管子和壳体因受热不同而产生的热应力。从这个角度来说，并流式优于逆流式，因为并流式进出口端的温度比较平均，不像逆流式热、冷流体的高温段都集中在一端，低温段集中在另一端，易于因两端收缩不同而产生热应力。

⑤ 流量小而黏度大（$\mu > 1.5 \times 10^{-3} \sim 2.5 \times 10^{-3}$ Pa·s）的流体一般以壳程为宜，在壳程内 $Re > 100$ 即可达到湍流。但这不是绝对的，如流动阻力损失允许，将这类流体通入管内并采用多管程结构，亦可得到较高的表面传热系数。

⑥ 对于有毒的介质或气体介质，应特别注意其密封，防止泄漏。密封不仅要可靠而且还要求方便和简单。

⑦ 应尽量避免采用贵金属，以降低成本。

以上这些原则中有些是相互矛盾的，所以在具体设计时应综合考虑，决定哪一种流体走管程，哪一种流体走壳程。

(1) 适于通入管内空间（管程）的流体

① 不清洁的流体。因为在管内空间得到较高的流速并不困难，而流速高时，悬浮物不易沉淀，且管内空间也易于清洁。

② 体积小的流体。因为管内空间的流动截面往往比管外空间的流动截面小，流体易于获得必要的理想流速，而且也便于做多程流动。

③ 有压力的流体。因为管子承压能力强，而且简化了壳体的密封要求。

④ 腐蚀性强的流体。只有管子及管箱才需要用耐腐蚀的材料，而壳体及管外空间的所有零件均可用普通材料制造，这样可以降低造价。此外，在管内空间装设保护用的衬里或覆盖层也比较方便，并容易检查。

⑤ 与外界温差较大的流体。因为可以减少热量的散失。

(2) 宜于通入管间空间（壳程）的流体

① 当两流体温度相差较大时，α 值较大的流体走壳程。这样可以减少管壁与壳壁间的温度差，因而也减少了管束与壳体间的相对伸长量，故温差应力可以降低。

② 若两流体的给热性能相差较大时，α 值较小的流体走壳程。此时可用翅片管来平衡传热面两侧的给热条件，使之相互接近。

③ 饱和蒸汽。以便于及时排出冷凝液，且蒸汽较洁净，冷凝给热系数与流速关系不大。

④ 黏度大的液体。管间的流动截面与方向都在随时变化，在低雷诺数下，管外给热系数比管内大。

⑤ 被冷却的流体可利用外壳向外的散热作用增强冷却效果。

⑥ 泄漏后危险性大的流体。可以减少泄漏机会，以保安全。

此外，易析出结晶、沉渣、淤泥以及其他沉淀物的流体，最好通入更容易清洗的流动空间，在管壳式换热器中，一般易清洗的是管内空间，但在 U 形管、浮头式换热器中，易清洗的是管外空间。

一般冷却水走管程，原因是冷却水常常用江水或井水，比较脏，硬度较高，受热容易结垢，在管内便于清理，此外，管内流体易于维持高速，可避免悬浮颗粒的沉积。换热器可以采用多管程来增大流速，用以提高对流给热系数。被加热的流体应走管程，以提高热的利用率，被冷却的流体走壳程，以便于热量散失。饱和蒸汽由于比较清洁应于壳程流过，以便于冷凝液的排出。综上所述冷却水走管程、蒸汽走壳程。

3. 流体流速的选择

增加流体在换热器中的流速，将加大对流给热系数，减小污垢在管子表面上沉积的可能性，即降低了污垢热阻，使总传热系数增大，从而减小换热器的传热面积。但是流速增加，又使流体阻力增大，动力消耗增多。所以适宜的流速要通过经济衡算才能定出。

此外，在选择流速时，还需考虑结构上的要求。例如，选择高的流速，使管子的数目减少，对一定的传热面积，不得不采用较长的管子或增加管程数。管子太长不易清洗，且一般管长都有一定的标准；单程变为多程使平均温度差下降。这些也是选择流速时应予考虑的问题。

列管式换热器内常用的流速范围如表 3-1 所示，不同黏度液体在列管式换热器中的流速如表 3-2 所示。

表 3-1 列管式换热器内常用的流速范围

流体种类	流速/(m/s)	
	管程	壳程
一般液体	0.5～1.3	0.2～1.5
宜结垢液体	大于 1	大于 0.5
气体	5～30	3～15

表 3-2 不同黏度液体在列管式换热器中的流速（在钢管中）

液体黏度$\times 10^3$/(N·s/m^2)	最大流速/(m/s)
>1500	0.6
1000～500	0.75
500～100	1.1
100～35	1.5
35～1	1.8
<1	2.4

4. 流动方式的选择

流动方向的选择也很重要，一般采用逆流方式，饱和水蒸气应从换热器壳程上方进入，冷凝水从壳程下方排出，这样既便于冷凝水的排放，又利于传热效率的提高；冷却水一般从换热器下方的入口进入，上方的出口排出，这样可减少冷却水流动中的死角，使传热面积得到有效利用。

除逆流和并流外，在列管式换热器中冷、热流体还可以做各种多管程多壳程的复杂流动。当流量一定时，管程或壳程越多，表面传热系数越大，对传热过程越有利。但是，采用多管程或多壳程必然导致流体阻力损失，即输送流体的动力费用增加。因此，在决定换热器的程数时，需权衡传热和流体输送两方面的损失。当采用多管程或多壳程时，列管式换热器内的流动形式复杂，对数平均值的温差要加以修正。

5. 加热剂、冷却剂的选择

用换热器进行物料的加热冷却时，还要考虑加热剂（热源）和冷却剂（冷源）的选用问题。

可以用作加热剂和冷却剂的物料很多，列管式换热器常用的加热剂有饱和水蒸气、烟道气和热水等，常用的冷却剂有水、空气和氨气等。加热剂和冷却剂应来源方便，有足够的温度，价格低廉，使用安全。

（1）常用的加热剂

① 饱和水蒸气。饱和水蒸气是一种应用最广泛的加热剂，由于饱和水蒸气冷凝时的传热膜系数很高，可以改变蒸汽的压强以准确地调节加热温度，而且常利用价格低廉的蒸汽机及涡轮产生的蒸汽和排放的废气。但饱和水蒸气温度超过 180℃时就需采用很高的压强。饱和水蒸气一般只用于加热温度在 180℃以下的情况。

② 烟道气。燃料燃烧所得到的烟道气具有很高的温度，可达 700～1000℃，适用于需要达到高温度的加热。用烟道气加热的缺点是其比热容低、控制困难及传热膜系数很低。

除了以上两种常用的加热剂之外，还可以结合工厂的具体情况，采用热空气作为加热剂。也可应用热水来作为加热剂。

(2) 常用的冷却剂

水和空气是最常用的冷却剂，他们可以直接取自大自然，不必特殊加工。比较水和空气，水的比热容高，传热膜系数也很高，但空气的获取和使用比水方便，应因地制宜加以选用。水和空气作为冷却剂受到当地气温的限制，一般冷却温度为 10～25℃。如果要冷却到较低的温度，则需应用低温剂，常用的低温剂有冷冻盐水（$CaCl_2$，$NaCl$ 及其他溶液）。

6. 流体出口温度的确定

若换热器中冷、热流体的温度都由工艺条件规定，则不存在确定流体两端温度的问题。若其中一种流体仅已知进口温度，则出口温度应由设计者来确定。例如用冷水冷却热流体，冷水的进口温度可根据当地的气温条件作出估计，而其出口温度则可根据经济核算来确定：为了节省冷水量，可使出口温度提高一些，但是传热面积就需要增加；为了减小传热面积，则需要增加冷水量。两者是相互矛盾的。一般来说，水源丰富的地区选用较小的温差，缺水地区选用较大的温差。不过，工业冷却用水的出口温度一般不宜高于 45℃，因为工业用水中所含的部分盐类（如 $CaCO_3$，$CaSO_4$，$MgCO_3$，$MgSO_4$ 等）的溶解度随温度升高而减小，如出口温度过高，盐类析出，形成污垢，而使传热过程效率降低。如果是用加热剂加热冷流体，可按同样的原则选择加热剂的出口温度。

7. 材质的选择

列管式换热器的材料应根据操作压强、温度及流体的腐蚀性等来选用。在高温下一般材料的机械性能及耐腐蚀性能要下降。同时具有耐热性、高强度及耐腐蚀性的材料是很少的。目前常用的金属材料有碳钢、不锈钢、低合金钢、铜和铝等；非金属材料有石墨、聚四氟乙烯和玻璃等。不锈钢和有色金属虽然抗腐蚀性能好，但价格高且较稀缺，应尽量少用。

对于列管式换热器，首先根据换热流体的腐蚀性或其他特性选定其结构材料，然后再根据所选材料的加工性能，流体的压强和温度、换热的温度差、换热器的热负荷、安装检修和维护清洗的要求以及经济合理性等因素来选定其型式。

设计所选用的列管式换热器的类型为固定管板式。列管式换热器是较典型的换热设备，在工业应用中已有悠久历史，具有易制造、成本低、处理能力大、换热表面清洗较方便、可供选用的结构材料广阔、适应性强、可用于调温调压场合等优点，故在大型换热器中占优势。

固定管板式列管式换热器的特点是，壳体与管板直接焊接，结构简单紧凑，在同样的壳体直径内排管最多。由于两管板之间有管板的相互支撑，管板得到加强，故各种列管式换热器中它的管板最薄，造价最低且易清洗。缺点是，管外清洗困难，管壁与壳壁之间温差大于 50℃时，需在壳体上设置膨胀节，依靠膨胀节的弹性变形以降低温差压力，使用范围仅限于管、壳壁的温差不大于 70℃ 和壳程流体压强小于 600kPa 的场合，否则因膨胀节过厚，难以伸缩而失去温差补偿作用。

四、列管式换热器设计计算

列管式换热器的选用和设计计算步骤基本上是一致的，其设计流程图如图 3-6 所示，基本步骤如下。

（一）试算并初选设备规格

① 根据传热任务，计算传热速率。

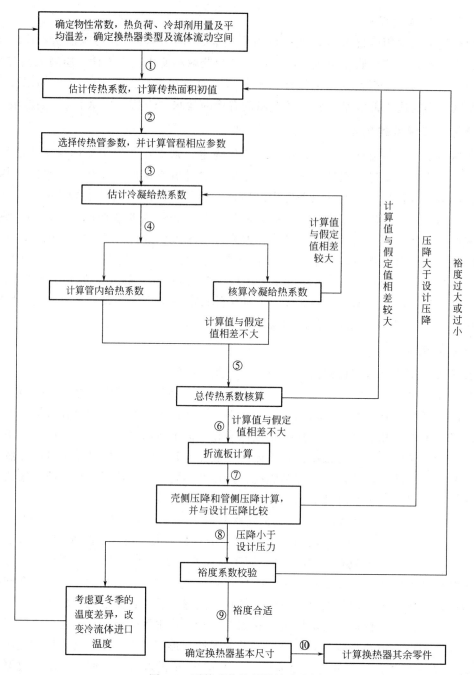

图 3-6 列管式换热器设计流程图

② 计算传热温差,并根据温差修正系数不小于 0.8 的原则,确定壳程数或调整加热剂或冷却剂的终温。

③ 选择流体在换热器中的通道。

④ 确定流体在换热器中的流动途径。

⑤ 根据传热任务计算热负荷 Q。

⑥ 确定流体在换热器两端的温度,选择列管式换热器的型式;计算定性温度,并确定在定性温度下流体的性质。

⑦ 计算平均温度差，并根据温度校正系数不应小于0.8的原则，决定壳程数。
⑧ 依据总传热系数的经验值范围，或按生产实际情况，选定总传热系数 K 值。
⑨ 依据传热基本方程，估算传热面积，并确定换热器的基本尺寸或按系列标准选择换热器的规格。
⑩ 选择流体的流速，确定换热器的管程数和折流板间距。

（二）计算管、壳程压强

根据初定的设备规格，计算管、壳程流体的流速和压降。检查计算结果是否合理或满足工艺要求。若压降不符合要求，要调整流速，再确定管程数或折流板间距，或选择另一规格的设备，重新计算压降直至满足要求为止。

（三）计算传热系数，校核传热面积

计算管程、壳程的对流给热系数，确定污垢热阻，计算传热系数和所需的传热面积。一般选用换热器的实际传热面积比计算所需传热面积大 $10\%\sim25\%$，若 $K'/K=1.15\sim1.25$，选用此换热器，否则另设总传热系数，另选换热器，返回第一步，重新进行校核计算。

通常，进行换热器的选择或设计时，应在满足传热要求的前提下考虑其他各项问题。在设计时，往往存在一些矛盾，例如，若设计的换热器的总传热系数较大，将导致流体通过换热器的压降（阻力）增大，相应地增加了动力费用；若增加换热器的表面积，可能使总传热系数和压降减小，但却又要受到安装换热器所能允许的尺寸的限制，且换热器的造价也提高了。

此外，其他因素（如加热剂和冷却剂的用量，换热器的检修和操作）也不可忽视。总之，设计者应综合分析考虑上述诸因素，给予细心的判断，作出一个适宜的设计。

1. 传热计算

给定的条件：热流体的入口温度 t_1'、出口温度 t_1''，冷流体的入口温度 t_2'、出口温度 t_2''。

热平衡方程式是反映换热器内冷流体的吸热量与热流体的放热量之间的关系式。由于换热器的热散失系数通常接近 1，计算时不计算散热损失，则冷流体吸收热量与热流体放出热量相等。

（1）传热系数 K

传热系数 K 是表示换热设备性能的极为重要的参数，是进行传热计算的依据。K 的大小取决于流体的物性、传热过程的操作条件及换热器的类型等，K 值通常可以由实验测定，或取生产实际的经验数据，也可以通过分析计算求得。

在工程上，一般以圆管外表面积 A_0 为基准计算总传热系数 K_0，除加以说明外，常将 A_0、K_0 分别以 A、K 表示，即

$$\frac{1}{K}=\frac{1}{K_0}=\frac{A_0}{\alpha_i A_i}+\frac{bA_0}{\lambda A_m}+\frac{1}{\alpha_0} \tag{3-4}$$

该式又可以改写为

$$\frac{1}{K}=\frac{1}{K_0}=\frac{1}{\alpha_i}\times\frac{d_0}{d_i}+\frac{b}{\lambda}\times\frac{d_0}{d_m}+\frac{1}{\alpha_0} \tag{3-5}$$

式中，d_i、d_0、d_m 分别表示圆管的内径、外径、管壁的平均直径。

（2）平均温度差

由于换热器中沿程流体的温度、物性是变化的，故传热温差（$T-t$）和传热系数 K 也

会变动，在工程计算中通常用平均传热温差代替，于是得到总的传热速率方程的表达式：$Q=KA\Delta t_m$。间壁两侧流体平均温度差的计算方法与换热器中两流体的流动方向有关，而两流体的温度变化情况，可分为恒温传热和变温传热。

① 恒温传热时的平均温度差。换热器的间壁两侧流体均有相变化时，例如在蒸发器中，间壁的一侧，液体保持在恒定的沸腾温度 t 下蒸发，间壁的另一侧，加热用的饱和蒸汽在一定的冷凝温度 T 下进行冷凝，属恒温传热，此时传热温度差（$T-t$）不变，即：$\Delta t_m = T - t$。

② 变温传热时的平均温度差。如图 3-7 所示，变温传热时，两流体相互流动的方向不同，则对温度差的影响不同，分述如下。

对数平均温差 Δt_m 为

$$\Delta t_m = \frac{\Delta t_1 - \Delta t_2}{\ln \dfrac{\Delta t_1}{\Delta t_2}} \tag{3-6}$$

逆流 $\Delta t_1 = T_1 - t_2$ $\Delta t_2 = T_2 - t_1$

并流 $\Delta t_1 = T_1 - t_1$ $\Delta t_2 = T_2 - t_2$

对于同样的进出口条件，$\Delta t_{m逆} > \Delta t_{m并}$，并且逆流可以节省加热剂或冷却剂的用量，工业上一般采用逆流。对于一侧有变化，另一侧恒温的情况，$\Delta t_{m逆} = \Delta t_{m并}$。

③ 错流和折流时的平均温度差。在大多数的列管式换热器中，两流体并非简单的逆流或并流，因为传热的好坏，除考虑温度差的大小外，还要考虑影响传热系数的多种因素以及换热器的结构是否紧凑合理等。所以实际上两流体的流向是比较复杂的多程流动，或是相互垂直的交叉流动。

图 3-8 中，(a) 图两流体的流向互相垂直，称为错流，(b) 图一流体只沿一个方向流动，而另一流体反复折流，称为简单折流。若两股流体均作折流，或既有折流又有错流，则称为复杂折流。

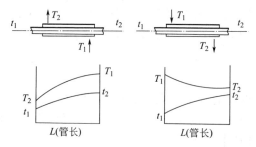

图 3-7 变温传热时不同流型的平均温度差

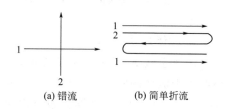

图 3-8 错折流

对于错流和折流时的平均温度差，可采用安德伍德（Underwood）和鲍曼（Bowman）提出的图算法。该法是先按纯逆流计算对数平均温度差 $\Delta t'_m$，然后再根据实际流动情况乘以校正系数 $\varepsilon_{\Delta t}$，即：

$$\Delta t_m = \varepsilon_{\Delta t} \Delta t'_m \tag{3-7}$$

校正系数 $\varepsilon_{\Delta t}$ 与冷热两流体的温度变化有关，是 R 和 P 的函数，即

$$\varepsilon_{\Delta t} = f(R, P) \tag{3-8}$$

式中，$R = \dfrac{T_1 - T_2}{t_2 - t_1}$，$P = \dfrac{t_2 - t_1}{T_1 - t_1}$，校正系数 $\varepsilon_{\Delta t}$ 可根据 R 和 P 两参数从图 3-9 查得。

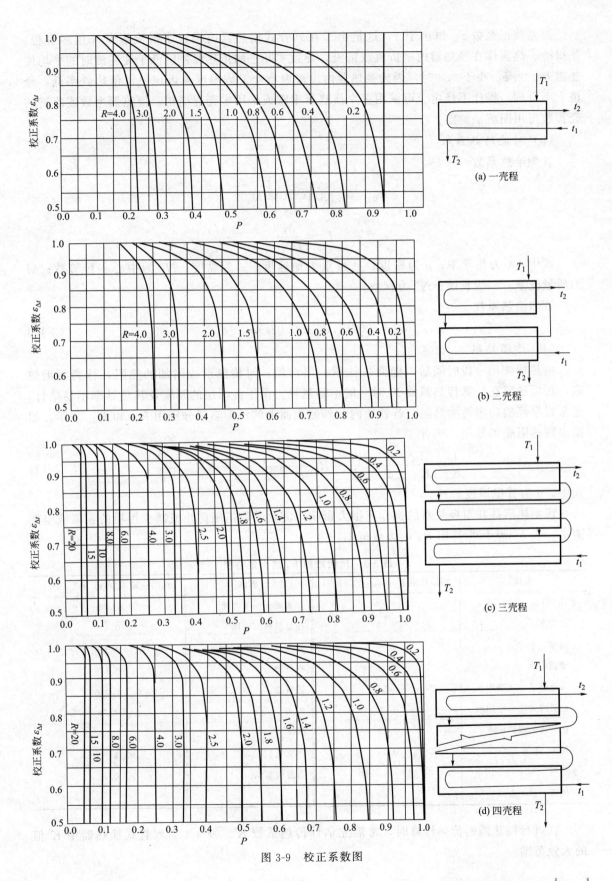

图 3-9 校正系数图

温差校正系数 $\varepsilon_{\Delta t}$ 恒小于 1，这是由于在列管式换热器内增设了折流板及采用多管程，使得冷、热流体在换热器内呈折流或错流，导致实际平均传热温差恒低于纯逆流时的平均传热温差。当 $\varepsilon_{\Delta t}$ 小于 0.8 时，因为换热器内出现温度交叉或温度逼近现象，传热效率低，经济上不合理，操作不稳定。可采用多个换热器串联或采用多壳程结构，换热器个数或所需的壳程数可用图解法确定。

（3）对流给热系数

管侧给热系数

$$\alpha_0 = 0.95\lambda \left(\frac{\rho^2 g}{\mu \Gamma_h}\right)^{\frac{1}{3}} N_r^{-1/6} \tag{3-9}$$

$$\Gamma_h = \frac{M}{LN_t}$$

式中，λ 为热导率；ρ 为密度；g 为重力加速度；μ 为黏度；N_r 为中心一行管数；M 为质量流率；L 为长度；N_t 为管数。

管内给热系数

$$\alpha_i = 4200(1.32 + 0.02t)u^{0.8}/d_i^{0.2} \tag{3-10}$$

（4）污垢热阻

换热器使用一段时间后，壁面往往积一层污垢，对传热形成附加的热阻，称为污垢热阻，污垢热阻在计算传热系数 K 时一般不容忽视。由于污垢层的厚度及其热导率不易估计，通常根据经验确定污垢热阻。若管壁内、外侧表面上的污垢热阻分别用 R_{di} 和 R_{d0} 表示，根据串联热阻叠加原则，则有

$$\frac{1}{K} = \frac{1}{K_0} = \frac{1}{\alpha_i} \times \frac{d_0}{d_i} + R_{di}\frac{d_0}{d_i} + \frac{b}{\lambda} \times \frac{d_0}{d_m} + R_{d0} + \frac{1}{\alpha_0} \tag{3-11}$$

式中，b 为管壁厚度。

污垢热阻往往对换热器的操作有很大影响，需要采取措施防止或减少污垢的积累或定期清洗。表 3-3 为污垢热阻 R_d 的大致范围。

表 3-3 污垢热阻 R_d 的大致范围

流体	污垢热阻 R_d/(m²·℃/kW)	流体	污垢热阻 R_d/(m²·℃/kW)
水($u<1m/s,t<47℃$)		劣质——不含油	0.09
蒸馏水	0.09	往复机排出液体	0.176
海水	0.09	处理过的盐水	0.264
清洁的水	0.21	有机物	0.176
未处理的凉水塔用水	0.58	燃料油	1.056
已处理的凉水塔用水	0.26	焦油	1.76
已处理的锅炉用水	0.26	气体	
硬水、井水	0.58	空气	0.26~0.53
水蒸气		溶剂蒸气	0.14
优质——不含油	0.052		

在进行换热器的传热计算时，常需先估计传热系数 K。表 3-4 为列管式换热器中 K 值的大致范围。

表 3-4 列管式换热器中 K 值的大致范围

热流体	冷流体	传热系数 $K/(W \cdot m^2/K)$
水	水	850～1700
轻油	水	340～910
重油	水	60～280
气体	水	17～280
水蒸气冷凝	水	1420～4250
水蒸气冷凝	气体	30～300
低沸点烃类蒸气冷凝	水	455～1140
高沸点烃类蒸气冷凝	水	60～170
水蒸气冷凝	水沸腾	2000～4250
水蒸气冷凝	轻油沸腾	455～1020
水蒸气冷凝	重油沸腾	140～425

2. 流体流动阻力（压降）的计算

换热器管程及壳程的流动阻力，常常控制在一定允许范围内。若计算结果超过允许值时，则应修改设计参数或重新选择其他规格的换热器。按一般经验，对于液体压降常控制在 $1 \times 10^4 \sim 1 \times 10^5$ Pa 范围内，对于气体压降则以 $1 \times 10^3 \sim 1 \times 10^4$ Pa 为宜。此外，也可依据操作压力不同而有所差别，参考表 3-5。

表 3-5 换热器操作允许压降 Δp

换热器操作压力 p/Pa	允许压降 Δp
$<1 \times 10^5$（绝压）	$0.1p$
$0 \sim 1 \times 10^5$（表压）	$0.5p$
$>1 \times 10^5$（表压）	$>5 \times 10^4$ Pa

（1）管程流体阻力

管程阻力可按一般摩擦阻力公式求得。对于多程换热器，其总阻力 Δp_t 等于各程直管阻力、回弯阻力及进、出口阻力之和。一般进、出口阻力可忽略不计，故管程总阻力的计算式为

$$\Delta p_t = (\Delta p_i + \Delta p_r) F_t N_s N_p \tag{3-12}$$

所以每程直管阻力

$$\Delta p_i = \lambda \frac{l}{d} \times \frac{\rho u^2}{2} \tag{3-13}$$

每程回弯阻力

$$\Delta p_r = \frac{3\rho u^2}{2} \tag{3-14}$$

式中，Δp_i、Δp_r 分别为直管及回弯管中因摩擦阻力引起的压降，Pa；F_t 为管程阻力结垢校正系数，对于 $\phi 25\text{mm} \times 2.5\text{mm}$ 的管，取为 1.4，对 $\phi 19\text{mm} \times 2\text{mm}$ 的管，取为 1.5；N_p 为管程数；N_s 为串联的壳程数。

由上式可以看出，管程的阻力损失（或压降）正比于管程数 N_p 的三次方，即

$$\Delta p_t \propto N_p^3 \tag{3-15}$$

对同一换热器，若由单管程改为两管程，阻力损失剧增为原来的 8 倍，而强制对流传热、湍流条件下的表面传热系数只增为原来的 1.74 倍；若由单管程改为四管程，阻力损失

变为原来的 64 倍,而表面传热系数只增为原来的 3 倍。由此可见,在选择换热器管程数目时,应该兼顾传热与流体压降两方面的得失。

(2) **壳程流体阻力**

现已提出的壳程流体阻力的计算公式虽然较多,但是由于流体的流动状况比较复杂,使所得的结果相差很多。下面介绍埃索法计算壳程压强的公式,即

$$\Delta p_s = (\Delta p_0 + \Delta p_{ip}) F_s \times N_s \tag{3-16}$$

式中,Δp_s 为壳程总阻力损失,Pa;Δp_0 为流过管束的阻力损失,Pa;Δp_{ip} 为流过折流板缺口的阻力损失,Pa;F_s 为壳程阻力结垢校正系数,对液体可取 $F_s = 1.15$,对气体或可凝蒸汽取 $F_s = 1.0$;N_s 为壳程数。

管束阻力损失

$$\Delta p_0 = F f_0 N_{Tc} (N_B + 1) \frac{\rho u_0^2}{2} \tag{3-17}$$

折流板缺口阻力损失

$$\Delta p_{ip} = N_B \left(3.5 - \frac{2B}{D}\right) \frac{\rho u_0^2}{2} \tag{3-18}$$

式中,N_B 为折流板数目;N_{Tc} 为横过管束中心的管数,对于三角形排列的管束,$N_{Tc} = 1.1 N_T^{0.5}$,对于正方形排列的管束,$N_{Tc} = 1.19 N_T^{0.5}$,N_T 为每一壳程的管子总数;B 为折流板间距,m;D 为壳程直径,m;u_0 为按壳程流通截面积或按其截面积计算所得的壳程流速,m/s;F 为管子排列形式对压降的校正系数,对三角形排列的管束,$F = 0.5$,对正方形排列的管束,$F = 0.3$,对正方形斜转 $45°$ 的管束,$F = 0.4$;f_0 为壳程流体摩擦系数,根据 $Re_0 = \frac{d_0 u_0 \rho}{\mu}$,由图 3-10 可以看出,当 $Re_0 > 500$ 时,f_0 可由式(3-19)求出

$$f_0 = 5.0 Re_0^{-0.228} \tag{3-19}$$

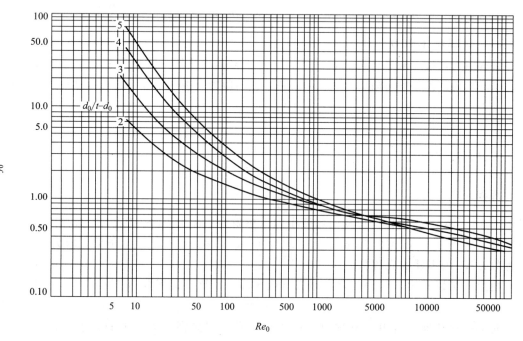

图 3-10 摩擦系数与雷诺数的关系图

因 $(N_B+1)=\dfrac{1}{B}$，u_0 正比于 $\dfrac{1}{B}$，管束阻力损失 Δp_0 基本上正比于 $\left(\dfrac{1}{B}\right)^3$，即

$$\Delta p_0 \propto \left(\dfrac{1}{B}\right)^3 \tag{3-20}$$

若挡板间距减小一半，Δp_0 剧增 8 倍，而表面传热系数 α_0 只增加 1.46 倍。因此，在选择挡板间距时，应兼顾传热与流体压降两方面的得失。同理，壳程数的选择也应如此。

（四）列管式换热器的设计和选用的计算步骤总结

设有一热流体需从温度 T_1 冷却至 T_2，可用的冷却剂入口温度 t_1，出口温度选定为 t_2。由此已知条件可算出换热器的热流量 Q 和逆流操作的平均推动力 $\Delta t'_m$。根据传热速率基本方程

$$Q = KA\Delta t'_m \tag{3-21}$$

当 Q 和 $\Delta t'_m$ 已知时，要求取传热面积 A，必须知 K 和 $\varepsilon_{\Delta t}$。可见，在冷、热流体的流量及进、出口温度皆已知的条件下，选用或设计换热器必须通过试差计算，按以下步骤进行。

（1）初选换热器的规格尺寸

① 初步选定换热器的流动方式，保证温差修正系数 $\varepsilon_{\Delta t}$ 大于 0.8，否则应改变流动方式，重新计算。

② 计算热流量 Q 及平均传热温差 Δt_m，根据经验估计总传热系数 $K_{估}$，初估传热面积 $A_{估}$。

③ 选取管程适宜流速，估算管程数，并根据 $A_{估}$ 的数值，确定换热管直径、长度及排列方式。

（2）计算管、壳程阻力

在选择管程流体与壳程流体以及初步确定了换热器主要尺寸的基础上，就可以计算管、壳程流速和阻力，看是否合理。或者先选定流速以确定管程数 N_p 和折流板间距 B 再计算压降是否合理。这时 N_p 与 B 是可以调整的参数，如仍不能满足要求，可另选壳径再进行计算，直到合理为止。

（3）核算总传热系数

分别计算管、壳程表面传热系数，确定污垢热阻，求出总传热系数 $K_{计}$，并与估算时所取用的传热系数 $K_{估}$ 进行比较。如果相差较多，应重新估算。

（4）计算传热面积并求裕度

根据计算的 $K_{计}$ 值、热流量 Q 及平均温度差 Δt_m，由总传热速率方程计算传热面积 A_0，一般应使所选用或设计的实际传热面积 A_p 大于 A_0 20% 左右为宜。即裕度为 20% 左右，裕度的计算式为

$$H = \dfrac{A_p - A_0}{A_0} \times 100\% \tag{3-22}$$

五、塔设备部件设计计算

(一) 壳体、管箱壳体和封头的设计

1. 壁厚的确定

壳体、管箱壳体和封头共同组成了管壳式换热器的外壳。管壳式换热器的壳体通常是由管材或板材卷制而成的。当直径小于 400mm 时，通常采用管材和管箱壳体。当直径不小于 400mm 时，采用板材卷制壳体和管箱壳体。其直径系列应与封头、连接法兰的系列匹配，以便于法兰和封头的选型。一般情况下，当直径小于 1000mm 时，直径相差 100mm 为一个系列；当直径大于 1000mm 时，直径相差 200mm 为一个系列，若采用旋压封头，其直径系列的间隔可取 100mm。

2. 封头

选择标准椭圆形封头 (JB/T 4737—1995)，椭圆形封头是由长短半轴分别为 a、b 的半椭圆和高度为 h_0 的短圆筒 (通称为直边) 构成的。直边的作用是为了保证封头的制造质量和避免筒体与封头间的环向焊缝受到边缘应力的作用。

受内压 (凹面受压) 的椭圆形封头的计算壁厚为

$$S = \frac{Kp_c D_i}{2[\sigma]^t \phi - 0.5 p_c} = \frac{Kp_c D_0}{2[\sigma]^t \phi - 0.5 p_c + 2}$$

$$K = \frac{1}{6}\left[2 + \left(\frac{D_i}{2h_i}\right)^2\right] \tag{3-23}$$

式中，K 为封头形状系数；p_c 为计算压力，MPa；D_i 为封头内径或与其连接的圆筒内径，mm；D_0 为封头外径或与其连接的圆筒外径，mm；h_i 为凸形封头内曲面深度，mm；$[\sigma]^t$ 为设计温度下封头材料的许用应力，MPa；ϕ 为焊接接头系数。

而对于标准椭圆形封头，$K = 1.00$。

(二) 管板

管板是管壳式换热器的一个重要元件，它除了与管子和壳体等连接外，还是换热器中的一个主要受压元件。对于管板的设计，除满足强度要求外，同时应合理考虑其结构设计。

图 3-11 和图 3-12 为固定管板式换热器的管板，管板与法兰连接的密封面为凸面，分程隔板槽拐角处，倒角 R4×45°。

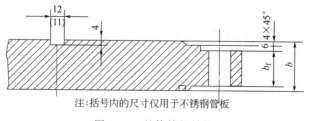

注：括号内的尺寸仅用于不锈钢管板

图 3-11 整体管板结构

图 3-11 为碳钢、低合金钢和不锈钢制整体管板，碳钢、低合金钢管板的隔板槽宽度为 12mm，不锈钢管板的隔板槽宽度为 11mm，槽深一般不小于 4mm。

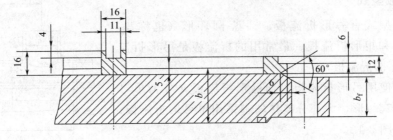

图 3-12 堆焊不锈钢管板结构

图 3-12 为堆焊不锈钢管板,堆焊管板应先堆焊,然后钻管孔。堆焊不锈钢,推荐采用带级堆焊。

(三) 进出口设计

在换热器的壳体和管箱上一般均装有接管或接口以及进出口管。在壳体和大多数管箱的底部装有排液管,上部设有排气管,壳侧也常设有安全阀接口以及温度计、压力表、液位计和取样管接口。对于立式管壳式换热器,必要时还应设置溢流管。由于在壳体、管箱壳体上开孔,必然会对壳体局部位置的强度造成削弱。因此,壳体、管箱壳体上的接管设置,除考虑其对传热和压降的影响外,还应考虑壳体的强度以及安装、外观等因素。

接管外伸长度又称接管伸出长度,是指接管法兰面到壳体(管箱壳体)外壁的长度。可按下式计算

$$l \geqslant h + h_1 + \delta + 15 \qquad (3-24)$$

式中,l 为接管外伸长度,mm;h 为接管法兰厚度,mm;h_1 为接管法兰的螺母厚度,mm;δ 为保温层厚度,mm。

除按式 (3-24) 计算外,接管外伸长度也可由表 3-6 的数据选取。

表 3-6 $PN < 4.0 MPa$ 的接管外伸长度

DN/mm	δ/mm						
	0~50	51~75	76~100	101~125	126~150	151~175	176~200
80	150	150	200	200	250	250	300
150	200	200	200	200	250	250	300

由于是冷却器,不需要设置保温层,故 $\delta = 0mm$。因此壳程接管外伸长度为 150mm,管程接管外伸长度为 200mm。

(四) 折流板或支持板

折流板或支持板(以下简称折流板)的结构设计,主要根据工艺过程及要求来确定,设置折流板的主要目的是为了增加壳程流体的流速,提高壳程的传热膜系数,从而达到提高总传热系数的目的。同时,设置折流板对于卧式换热器的换热管具有一定的支撑作用,当换热管过长,而管子承受的应力过大时,在满足换热器壳程允许压降的情况下,增加折流板的数量,减小折流板间距,对于焊接换热管的受力状况和防止流体流动诱发振动有一定的作用。而且,设置折流板也有利于换热管的安装。

1. 折流板型式

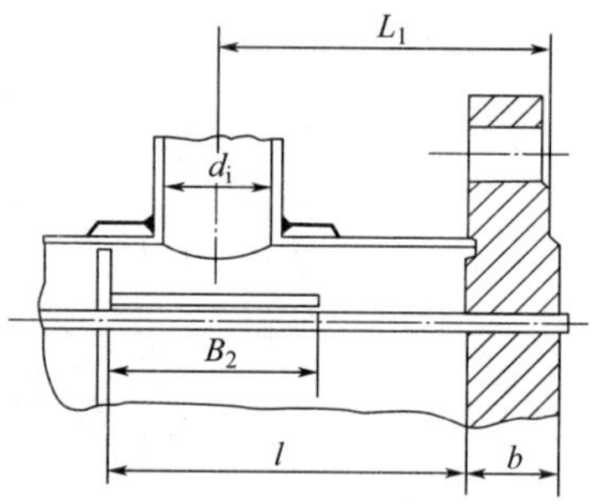

折流板的型式有弓形折流板、圆盘-圆环形（也称盘-环形）折流板和矩形折流板。最常用的折流板是弓形折流板和圆盘-圆环形折流板。

此换热器使用弓形折流板。而弓形折流板又分为单弓形、双弓形和三弓形，大部分换热器都采用单弓形折流板，其结构型式见图 3-13。

图 3-13 弓形折流板结构型式

2. 折流板尺寸

（1）弓形折流板的缺口高度

弓形折流板的缺口高度应使流体通过缺口时与横过管束时的流速接近。缺口大小用切去的弓形高度占圆筒直径的百分比来确定。单弓形折流板缺口图如图 3-14 所示。缺口弦高也可取 0.20～0.45 倍的圆筒内直径。弓形折流板的缺口切在管排中心线以下，或切于两排管孔的小桥之间。

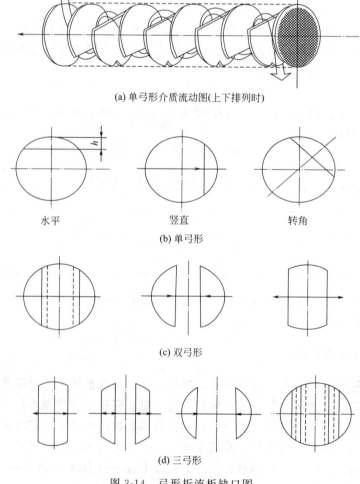

(a) 单弓形介质流动图(上下排列时)

水平　　　竖直　　　转角

(b) 单弓形

(c) 双弓形

(d) 三弓形

图 3-14 弓形折流板缺口图

（2）折流板最小厚度（表 3-7）

表 3-7　折流板最小厚度　　　　　　　　　　　　　　　　　　　　单位：mm

公称直径 DN	换热管无支撑长度 l					
	$l \leqslant 300$	$300 < l \leqslant 600$	$600 < l \leqslant 900$	$900 < l \leqslant 1200$	$1200 < l \leqslant 1500$	>1500
400~700	4	5	6	10	10	12

3. 折流板的布置

（1）折流板的布置

一般应使管束两端的折流板尽可能靠近壳程进、出口接管，其余折流板按等距离布置，其尺寸可按式（3-25）计算

$$l = \left(L_1 + \frac{B_2}{2}\right) - (b-4) \tag{3-25}$$

式中，L_1 为壳程接管位置的最小尺寸；B_2 为防冲板长度，当无防冲板时，可取 $B_2 = d_i$。

卧式换热器的壳程为单相清洁流体时，折流板缺口应水平上下布置，若气体中含有少量液体时，则应在缺口朝上的折流板的最低处开通液口；若液体中含有少量气体时，则应在缺口朝下的折流板的最高处开通气口。卧式换热器、冷凝器和再沸器的壳程介质为气、液相共存或液体中含有固体物料时，折流板缺口应该水平左右布置，并在折流板最低处开通液口。

（2）折流板间距

折流板最小间距一般不小于圆筒内直径的 1/5，且不小于 50mm；特殊情况下也可取较小的间距。折流板最大间距应保证换热管的无支撑长度（包括相邻两块缺边方位相同的折流板间距和其他无支撑的换热管长度）不得超过表 3-8 的规定，用作折流时，其值应不大于壳体内径。

表 3-8　最大无支撑长度　　　　　　　　　　　　　　　　　　　　单位：mm

项目		换热管外径/mm								
		10	12	14	16	19	25	32	38	45	57
最大无支撑长度	钢管	—	—	1100	1300	1500	1850	2200	2500	2750	3200
	有色金属管	750	850	900	1100	1300	1600	1900	2200	2400	2800

注：1. 不同的换热管外径的最大无支撑长度值可用内插法查得；
　　2. 环向翅片管可用翅片根径作为换热管外径，在表中查取最大无支撑长度，然后再乘以无翅片管与有翅片管单位长度质量比的四次方根（即成正比例缩小）；
　　3. 本表列出的最大无支撑跨距不考虑流体诱导振动。

4. 支持板

当换热器不需要设置折流板，换热管无支撑长度超过表 3-8 规定时，则应设置支持板，用来支撑换热管，以防止换热管产生过大的绕度。一般支持板做成圆缺形较多。支持板的最小厚度应满足表 3-7 的要求。

5. 折流板质量计算

折流板质量按下式进行计算

$$Q = \left[\left(\frac{\pi}{4}D_a^2 - A_f\right) - \left(\frac{\pi}{4}d_1^2 n_1 + \frac{\pi}{4}d_2^2 n_2\right)\right] \times \delta \tag{3-26}$$

式中，Q 为折流板质量，kg；D_a 为折流板外圆直径，mm；A_f 为折流板切去部分的弓形面积，$A_f = D_a^2 \times C$，mm；C 为系数，可由 h_a/D_a 查表得到，h_a 为折流板切去的弓形高度，

mm；d_1 为管孔直径，mm；d_2 为拉杆孔直径，mm；n_1 为管孔数量；n_2 为拉杆孔数量；δ 为折流板厚度，mm。

（五）拉杆与定距管

1. 拉杆的结构和尺寸

（1）拉杆的结构型式

拉杆常用的结构型式有：

① 拉杆定距管结构，见图 3-15(a)。此结构适用于换热管外径 $d \geqslant 19$mm 的管束且 $l_2 > L_a$（L_a 按表 3-8 规定）；

② 拉杆与折流板点焊结构，见图 3-15(b)。此结构适用于换热管外径 $d \leqslant 14$mm 的管束且 $l_1 \geqslant d$；

③ 当管板较薄时，也可采用其他的连接结构。

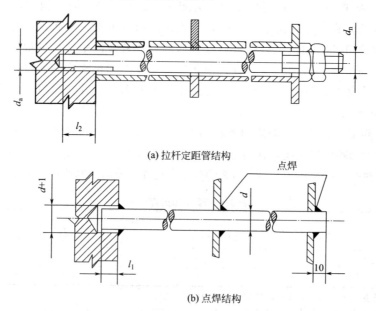

图 3-15　拉杆结构型式

这里选用拉杆定距管结构。

（2）拉杆的尺寸

拉杆的长度 L 按实际需要确定，拉杆连接尺寸由图 3-16 和表 3-9 确定。

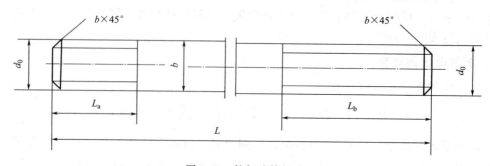

图 3-16　拉杆连接尺寸

表 3-9 拉杆的尺寸　　　　　　　　　　　　　　　　　　　　　　　　　单位：mm

拉杆直径 d_0	拉杆螺纹公称直径 d_n	L_a	L_b	b
10	10	13	≥40	1.5
12	12	15	≥50	2.0
16	16	20	≥60	2.0

（3）拉杆的直径和数量

拉杆直径和数量按表 3-10 和表 3-11 选用。

表 3-10 拉杆直径选用表　　　　　　　　　　　　　　　　　　　　　　　单位：mm

换热管外径 d	10≤d≤14	14<d<25	25≤d≤57
拉杆直径 d_0	10	12	16

表 3-11 拉杆数量选用表

拉杆直径 d_0/mm	壳体公称直径 d/mm								
	d<400	400≤d<700	700≤d<900	900≤d<1300	1300≤d<1500	1500≤d<1800	1800≤d<2000	2000≤d<2300	2300≤d<2600
10	4	6	10	12	16	18	24	28	32
12	4	4	8	10	12	14	18	20	24
16	4	4	6	6	8	10	12	12	16

2. 拉杆的位置

拉杆应尽量均匀布置在管束的外边缘，对于大直径的换热器，在布管区内或靠近折流板缺口处应布置适当数量的拉杆，任何折流板不应少于 3 个支承点。

3. 定距管尺寸

定距管的尺寸一般与所在换热器的换热管规格相同。对管程是不锈钢，壳程是碳钢或低合金钢的换热器，可选用与不锈钢换热管外径相同的碳钢管做定距管。定距管的长度，按实际需要确定。

（六）膨胀节

在换热过程中，换热器的管束和壳体有一定的温差存在，而管板、管束与壳体之间是刚性地连接在一起的，当温差达到某一个值时，过大的温差应力会引起壳体的破坏或造成管束弯曲。当温差很大时，可以选用浮头式、U 形管式及填料函式换热器。但上述换热器的造价较高，若管间不需要清洗时，也可采用固定管板式换热器，但需要设置温差补偿装置，如膨胀节。

膨胀节是装在固定管板式换热器壳体上的挠性构件，依靠这种易变形的挠性构件对管束与壳体间的变形差进行补偿，以此来消除壳体与管束间因温度而引起的温差应力。

膨胀节的型式较多，通常有波形膨胀节、平板膨胀节、Ω 形膨胀节。在生产实际中，应用最多也最普遍的是波形膨胀节（见图 3-17）。

波形膨胀节一般分单层和多层两种型式。在波形膨胀节中，每一个波形的补偿能力与使用压力、波高、波长及材料等因素有关，如波高越低，耐压性能越好，补偿能力越差；波高

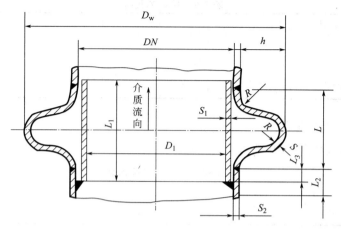

图 3-17 波形膨胀节

越高，波距越大，则补偿量越大，但耐压性能越差。

采用多层膨胀节比单层膨胀节具有更多的优点，因多层膨胀节的壁薄且多层，故弹性大，灵敏度高，补偿能力强，承载能力及疲劳强度高，而且结构紧凑。波形膨胀节规格系列表如表 3-12 所示。

表 3-12 波形膨胀节规格系列表

膨胀节类型		公称压力 PN/MPa						
		0.25	0.6	1.0	1.6	2.5	4.0	6.4
公称直径 DN/mm	ZX 型膨胀节（单层、多层）	250～2000		120～1200		120～800	150～350	
	ZD 型膨胀节							
	HF 型膨胀节（单层）			150～200			150～1200	150～350
	HZ 型膨胀节							

思考题

1. 换热器设计方案的选择依据有哪些？
2. 列管式换热器设计的基本步骤有哪些？
3. 列管式换热器管程和壳程数如何确定？
4. 换热器零部件包括哪些？

第四章
板式塔设计

一、板式塔概述

　　塔设备是炼油、化工、制药等生产中最重要的设备之一。常见的塔设备单元操作有精馏、吸收、解吸和萃取等。在化工厂和炼油厂，塔设备的性能对于整个装置的产品产量、质量、生产能力和消耗定额以及三废处理和环境保护等各个方面都有重大影响。据有关资料报道，塔设备的投资费用占整个工艺设备投资费用的比例较大，它所耗用的钢材在各类工艺设备中也较多。因此，塔设备的设计和研究受到了化工、炼油等行业的极大重视。

　　塔设备经过长期发展，形成了型式繁多的结构，以满足各方面的特殊需要。为了便于研究和比较，人们从不同的角度对塔设备进行分类。例如，按操作压力分为加压塔、常压塔和减压塔，按单元操作分为精馏塔、吸收塔、解吸塔、反应塔和萃取塔。但长期以来，最常用的分类是按塔内气液接触部件的结构，分为板式塔与填料塔两大类。精馏操作既可采用板式塔，也可采用填料塔。

　　板式塔内设置一定数量的塔板，气体以鼓泡或喷射形式穿过板上液层进行传质与传热。在正常操作下，气相为分散相，液相为连续相，气相组成呈阶梯变化，属逐级接触逆流操作过程。

　　填料塔内设置一定高度的填料层，液体自塔顶沿填料表面下流，气体逆流向上（有时也采用并流向下）流动，气液相密切接触进行传质与传热。在正常操作状况下，气相为连续相，液相为分散相，气相组成呈连续变化，属微分接触逆流操作过程。

　　工业上对塔设备的主要要求：①生产能力大；②传质、传热效率高；③气流的摩擦阻力小；④操作稳定，适应性强，操作弹性大；⑤结构简单，材料耗用量少；⑥制造安装容易，操作维修方便；⑦不易堵塞、腐蚀。

　　实际上，任何塔设备都难以满足上述所有要求，因此，设计者应根据塔型特点、物系性质、生产工艺条件、操作方式、设备投资、操作与维修费用等技术经济评价以及设计经验等因素，依矛盾的主次综合考虑，选取适宜的塔型。本章将着重介绍板式精馏塔的设计。

　　板式塔的类型很多，但其设计原则基本相同。一般来说，板式塔的设计步骤大致如下：

① 根据设计任务和工艺要求，确定设计方案。
② 根据设计任务和工艺要求，选择塔板类型。
③ 确定塔径、塔高等工艺尺寸。
④ 进行塔板的设计，包括溢流装置的设计、塔板的布置、升气道（泡罩、筛孔或浮阀等）的设计及排列。
⑤ 进行流体力学验算。

⑥ 绘制塔板的负荷性能图。
⑦ 根据负荷性能图，对设计进行分析，若设计不够理想，可对某些参数进行调整，重复上述设计过程，直到满意为止。

二、板式塔设计的内容及要求

1. 板式塔设计的内容

① 设计方案确定和说明。根据给定任务，对精馏装置的流程、操作条件、主要设备型式及其材质的选择等进行论述。
② 板式塔的工艺计算，确定塔高和塔径。
③ 计算塔板的各主要工艺尺寸，进行流体力学校核计算，并画出塔板的操作负荷性能图。
④ 管路及附属设备如再沸器、冷凝器的计算与选型。
⑤ 抄写或打印设计说明书。
⑥ 绘制精馏装置工艺流程图和板式塔的工艺条件图。

为了简要地说明板式塔的化工设计内容与顺序，将设计的主要程序用框图示于图 4-1。有下述情况时，需对图 4-1 中的①～⑤项做重复计算。

① 溢流区设计算得的溢流堰长度使气体通道面积不够或不在限定的范围内。
② 孔的排列间距及开孔面积不在限定的范围内。
③ 雾沫夹带量超过限度或发生液泛。
④ 允许压降及漏液量超出限度。
⑤ 降液管内的液体高度超出限度。

2. 绘图要求

① 绘制二元体系的 $y\sim x$ 图，用图解法求取理论板数，并画出塔板的操作负荷性能图。
② 绘制精馏装置工艺流程图。
③ 绘制板式塔工艺条件图，对于板式塔还需绘制塔板结构图，即塔设备的装配图。

三、设计方案的确定

1. 装置流程的选择

蒸馏装置包括板式塔、原料预热器、蒸馏釜（再沸器）、冷凝器、釜液冷却器和产品冷却器等设备。蒸馏过程按操作方式的不同，分为连续蒸馏和间歇蒸馏两种流程。连续蒸馏具有生产能力大、产品质量稳定等优点，工业生产中以连续蒸馏为主。间歇蒸馏具有操作灵活、适应性强等优点，适合于小规模、多品种或多组分物系的初步分离。

蒸馏是通过物料在塔内的多次部分汽化与多次部分冷凝实现分离的，热量自塔釜输入，由冷凝器和冷却器中的冷却剂将余热带走。在此过程中，热能利用率很低，为此，在确定装置流程时应考虑余热的利用。另外，为保持塔的操作稳定性，流程中除用泵直接将原料送入塔外，也可采用高位槽送料，以免受泵操作波动的影响。

塔顶冷凝装置可采用全凝器、分凝器两种不同的设置。工业上以全凝器为主，以便于准确地控制回流比。塔顶分凝器对上升蒸气有一定的增浓作用，若后继装置使用气态物料，宜

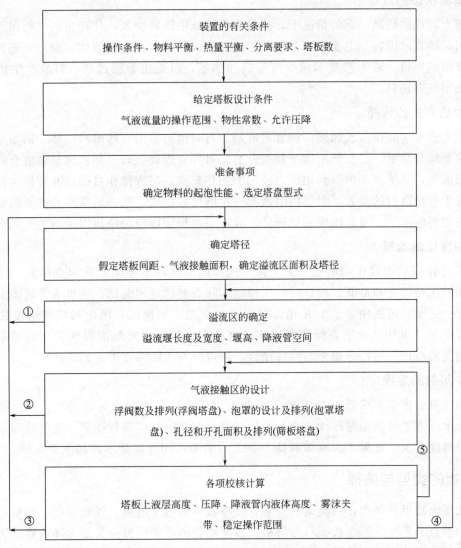

图 4-1　板式塔化工设计程序框图

用分凝器。

总之，确定流程时要较全面并合理地兼顾设备费用、操作费用、操作控制及安全等因素。

2. 操作压力的选择

精馏操作可在常压、减压和加压下进行。一般，除热敏性物系外，凡通过常压蒸馏能够实现分离要求，并能用江河水或循环水将馏出物冷凝下来的物系，都应采用常压蒸馏；对热敏性物系或者混合物沸点过高的物系宜采用减压蒸馏；对常压下馏出物的冷凝温度过低的物系，需提高塔压或者采用深井水、冷冻盐水作为冷却剂；而常压下呈气态的物料必须采用加压蒸馏。例如苯乙烯常压沸点为 145.2℃，而将其加热到 102℃ 以上就会发生聚合，故苯乙烯应采用减压蒸馏；脱丙烷塔操作压力提高到 1765kPa 时，冷凝温度约为 50℃，可用江河水或者循环水进行冷却，运转费用减少；石油气常压呈气态，必须采用加压蒸馏。

3. 加料状态的选择

原则上，在供热量一定的情况下，热量应尽可能由塔底输入，使产生的气相回流在全塔发挥作用，即宜冷进料。工业上多采用接近泡点的液体进料和饱和液体（泡点）进料，通常用釜残液预热原料。若工艺要求减少塔釜的加热量，以避免釜温过高、料液产生聚合或结焦，则采用气态进料。

4. 加热方式的选择

蒸馏大多采用间接蒸汽加热，设置再沸器。有时也可采用直接蒸汽加热，例如蒸馏釜残液中的主要组分是水，且在低浓度下轻组分的相对挥发度较大时（如乙醇与水混合液）宜用直接蒸汽加热，其优点是可以利用压力较低的加热蒸汽以节省操作费用，并省掉间接加热设备。但由于直接蒸汽的加入，对釜内溶液起一定的稀释作用，在进料条件和产品纯度、轻组分收率一定的前提下，釜液浓度相应降低，故需要在提馏段增加塔板以达到生产要求。

5. 回流比的选择

回流比 R 是精馏操作的重要工艺条件，选择回流比，主要从经济观点出发，力求使设备费用和操作费用之和最低。设计时，应根据实际需要选定回流比，也可参考同类生产的经验值选定。必要时可选用若干个 R 值，利用吉利兰图（简捷法）求出对应理论板数 N，作出 $N \sim R$ 曲线，从中找出适宜操作回流比，也可作出回流比对精馏操作费用的关系线，从中确定适宜回流比。对特殊物系与特殊场合，则应根据实际需要选定回流比。

6. 冷却剂的选择

塔顶冷凝温度不要求低于30℃时，工业上多用水冷，冷却水可以是江、河、湖水，如果用自来水就需要考虑用循环水。冷却水进口温度不仅因气候条件而异，还与冷却水循环系统的出口温度有关。如果要求冷却到低于30℃，就需采用冷冻盐水或其他冷冻剂。

四、塔板的类型与选择

板式塔大致可分两类：一类是有降液管式塔板，如泡罩塔板、浮阀塔板、筛板、导向筛板、新型垂直筛板、舌形塔板、弓形塔板、多降液管塔板等；另一类是无降液管式塔板，如穿流式筛板、穿流式波纹板等。在工业生产中，以有降液管式塔板应用最为广泛，在此只讨论有降液管式塔板。塔板是板式塔的主要构件，分为错流式塔板和逆流式塔板两类，工业应用以错流式塔板为主，常用的错流式塔板主要有下列几种。

1. 泡罩塔板

泡罩塔板是工业上应用最早的塔板，其主要元件为升气管及泡罩。泡罩安装在升气管的顶部，分圆形和条形两种，国内应用较多的是圆形泡罩。泡罩尺寸分为 $\phi 80mm$、$\phi 100mm$、$\phi 150mm$ 三种，可根据塔径的大小选择。通常塔径小于1000mm，选用 $\phi 80mm$ 的泡罩；塔径大于2000mm，选用 $\phi 150mm$ 的泡罩。

操作时，液体横向流过塔板，靠溢流堰保持板上有一定厚度的液层，齿缝浸没于液层之中而形成液封。升气管的顶部应高于泡罩齿缝的上沿，以防止液体从中漏下。上升气体通过齿缝进入液层时，被分散成许多细小的气泡或流股，在板上形成鼓泡层，为气液两相的传热和传质提供大量的界面。

泡罩塔板的主要优点是操作弹性较大，液气比范围大，不易堵塞，适用于处理各种物料，操作稳定可靠。其缺点是结构复杂，造价高；板上液层厚，塔板压降大，生产能力及板效率较低。近年来，泡罩塔板已逐渐被筛板、浮阀塔板所取代，在设计中除特殊需要（如分离黏度大、易结焦等物系）外一般不宜选用。

2. 筛孔塔板

筛孔塔板简称筛板，结构特点为塔板上开有许多均匀的小孔。根据孔径的大小，分为小孔径筛板（孔径为 3~8mm）和大孔径筛板（孔径为 10~25mm）两类。工业应用中以小孔径筛板为主，大孔径筛板多用于某些特殊场合（如分离黏度大、易结焦等物系）。

操作时，气体经筛孔分散成小股气流，鼓泡通过液层，气液间密切接触而进行传热和传质。在正常的操作条件下，通过筛孔上升的气流应能阻止液体经筛孔向下泄漏。

筛板的优点是结构简单，造价低；板上液面落差小，气体压降低，生产能力较大；气体分散均匀，传质效率较高。其缺点是筛孔易堵塞，不宜处理易结焦、黏度大的物料。

应予指出，尽管筛板传质效率高，但若设计和操作不当，易产生漏液，使得操作弹性减小，传质效率下降，故过去工业上应用较为谨慎。近年来，由于设计和控制水平的不断提高，可使筛板的操作非常精确，弥补了上述不足，故应用日趋广泛。在确保精确设计和采用先进控制手段的前提下，设计中可大胆选用。

3. 浮阀塔板

浮阀塔板是在泡罩塔板和筛孔塔板的基础上发展起来的，它吸收了两种塔板的优点。其结构特点是在塔板上开有若干个阀孔，每个阀孔装有一个可以上下浮动的阀片。气流从浮阀周边水平地进入塔板上液层，浮阀可根据气流流量的大小而上下浮动，自行调节。浮阀的类型很多，国内常用的有 F1 型、V-4 型及 T 型等，其中以 F1 型浮阀应用最为普遍。

浮阀塔板的阀片本身连有几个阀腿，插入阀孔后将阀腿底脚拨转 90°，以限制阀片升起的最大高度，并防止阀片被气体吹走。阀片周边冲出几个略向下弯的定距片，当气速很低时，由于定距片的作用，阀片与塔板呈点接触而坐落在阀孔上，在一定程度上可防止阀片与板面的黏结。

浮阀塔板的优点是结构简单、制造方便、造价低；塔板开孔率大，生产能力大；阀片可随气量变化自由升降，操作弹性大；因上升气流水平吹入液层，气液接触时间较长，故塔板效率高。其缺点是处理易结焦、高黏度的物料时，阀片易与塔板黏结；在操作过程中有时会发生阀片脱落或卡死等现象，使塔板效率和操作弹性下降。

应予指出，以上介绍的仅是几种较为典型的浮阀形式。由于浮阀具有生产能力大、操作弹性大及塔板效率高等优点，且加工方便，故有关浮阀塔板的研究开发远较其他型式的塔板广泛，是目前新型塔板研究开发的主要方向。近年来研究开发出的新型浮阀有船型浮阀、管型浮阀、梯型浮阀、双层浮阀、V-V 浮阀、混合浮阀等，其共同的特点是加强了流体的导向作用和气体的分散作用，使气液两相的流动更趋于合理，操作弹性和塔板效率得到进一步的提高。但应指出，在工业应用中，目前还多采用 F1 型浮阀，其原因是 F1 型浮阀已有系列化标准，各种设计数据完善，便于设计和对比。而采用新型浮阀，设计数据不够完善，给设计带来一定的困难，但随着新型浮阀性能测定数据的不断发表及工业应用的增加，其设计数据会逐步完善，在有效完善的性能数据下，设计中可选用新型浮阀。

五、板式塔的塔体工艺尺寸计算

板式塔的塔体工艺尺寸包括塔体的有效高度和塔径。

1. 塔的有效高度计算

板式塔的有效高度是指安装塔板部分的高度,可按下式计算

$$Z = \left(\frac{N_T}{E_T} - 1\right) H_T \tag{4-1}$$

式中,Z 为板式塔的有效高度,m;N_T 为塔内所需的理论板数;E_T 为总板效率;H_T 为塔板间距,m。

(1) 理论板数的计算

对给定的设计任务,当分离要求和操作条件确定后,所需的理论板数可采用逐板计算法或图解法求得。应予指出,近年来,随着模拟计算技术和计算机技术的发展,已开发出许多用于精馏过程模拟计算的软件,设计中常用的有 ASPEN、PROⅡ等。这些模拟软件虽有各自的特点,但其模拟计算的原理基本相同,即采用不同的数学方法,联立求解物料衡算方程(M 方程)、相平衡方程(E 方程)、热量衡算方程(H 方程)及组成加和方程(S 方程),简称 ME-HS 方程组。在 ASPEN、PROⅡ等软件包中,存储了大多数物系的物性参数及气液平衡数据,对缺乏数据的物系,可通过软件包内的计算模块,通过一定的算法,求出相关的参数。设计中,给定相应的设计参数,通过模拟计算,即可获得所需的理论板数,进料板的位置,各层理论板的气液相负荷、密度、黏度,各层理论板的温度与压力等,计算快捷准确。

(2) 塔板间距的确定

塔板间距 H_T 的选定很重要,它与塔高、塔径、物系性质、分离效果、塔的操作弹性以及塔的安装、检修等都有关。设计时通常根据塔径的大小,由表 4-1 列出的塔板间距的经验值选取。

表 4-1 塔板间距与塔径的关系

塔径 D/m	0.3~0.5	0.5~0.8	0.8~1.6	1.6~2.4	2.4~4.0	≥240
塔板间距 H_T/m	200~300	250~350	300~450	350~600	400~600	≥800

选取塔板间距时,还要考虑实际情况。例如塔板数很多时,宜选用较小的塔板间距,适当加大塔径以降低塔的高度;塔内各段负荷差别较大时,也可采用不同的塔板间距以保持塔径的一致;对易发泡的物系,塔板间距应取大些,以保证塔的分离效果;对生产负荷波动较大的场合,也需加大塔板间距以提高操作弹性。在设计中,有时需反复调整,选定适宜的塔板间距。

塔板间距的数值应按系列标准选取,常用的塔板间距有 300、350、400、450、500、600、800mm 几种。应予指出,塔板间距的确定除考虑上述因素外,还应考虑安装、检修的需要。例如在塔体的人孔处,应采用较大的塔板间距,一般不低于 600mm。

2. 塔径的计算

板式塔的塔径依据流量公式计算,即

$$D = \sqrt{\frac{4V_s}{\pi u}} \tag{4-2}$$

式中,D 为塔径,m;V_s 为气体体积流量,m³/s;u 为空塔气速,m/s。

由式(4-2)可知,计算塔径的关键是计算空塔气速 u。设计中,空塔气速 u 的计算方法是,先求得最大的空塔气速 u_{max},然后根据设计经验,乘以一定的安全系数,即

$$u = (0.6 \sim 0.8) u_{\max} \tag{4-3}$$

安全系数的选取与分离物系的发泡程度密切相关。对不易发泡的物系，可取较高的安全系数；对易发泡的物系，应取较低的安全系数。

最大空塔气速 $u_{\max}$ 可根据悬浮液滴沉降原理导出，其结果为

$$u_{\max} = C \sqrt{\frac{\rho_L - \rho_V}{\rho_V}} \tag{4-4}$$

式中，ρ_L 为液相密度，kg/m^3；ρ_V 为气相密度，kg/m^3；C 为负荷因子，m/s。

负荷因子 C 值与气液负荷、物性及塔板结构有关，一般由实验确定。史密斯（Smith）等汇集了若干泡罩塔板、筛板和浮阀塔板的数据，整理成负荷因子与各影响因素间的关系曲线，如图 4-2 所示。

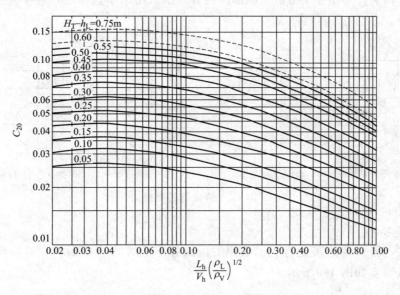

图 4-2 史密斯关联图

图 4-2 中横坐标 $(L_h/V_h)(\rho_L/\rho_V)^{1/2}$ 为无量纲比值，称为液气动能参数，它反映液、气两相的负荷与密度对负荷因子的影响；纵坐标 C_{20} 为物系表面张力为 20mN/m 的负荷因子；参数 $H_T - h_L$ 反映液滴沉降空间高度对负荷因子的影响。

设计中，板上液层高度 h_L 由设计者选定。对常压塔一般取为 $0.05 \sim 0.08$m；对减压塔一般取为 $0.025 \sim 0.03$m。

图 4-2 是按液体表面张力 $\sigma_L = 20$mN/m 的物系绘制的，当所处理的物系表面张力为其他值时，应按下式进行校正，即

$$C = C_{20} \left(\frac{\sigma_L}{20} \right)^{0.2} \tag{4-5}$$

式中，C 为操作物系的负荷因子，m/s；σ_L 为操作物系的液体表面张力，mN/m。

应予指出，由式（4-2）计算出塔径 D 后，还应按塔径系列标准进行圆整。常用的标准塔径为：400、500、600、700、800、1000、1200、1400、1600、2000、2200mm 等。

还应指出，以上算出的塔径只是初估值，还要根据流体力学原则进行验算。另外，对于精馏过程，精馏段和提馏段的气、液相负荷及物性数据是不同的，故设计中两段的塔径应分别计算，若二者相差不大，应取较大者作为塔径，若二者相差较大，应采用变径塔。

六、板式塔的塔板工艺尺寸计算

(一) 溢流装置的设计

板式塔的溢流装置包括溢流堰、降液管和受液盘等几部分，其结构和尺寸对塔的性能有着重要的影响。

1. 降液管的类型与溢流方式

(1) 降液管的类型

降液管是塔板间流体流动的通道，也是使溢流液中所夹带气体得以分离的场所。降液管有圆形与弓形两类，如图 4-3 所示。圆形降液管一般只用于小直径塔，对于直径较大的塔常用弓形降液管。

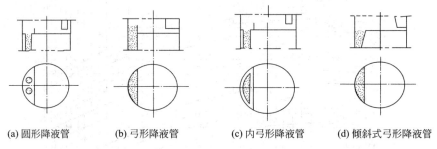

(a) 圆形降液管　　(b) 弓形降液管　　(c) 内弓形降液管　　(d) 倾斜式弓形降液管

图 4-3　降液管的类型

(2) 溢流方式

溢流方式与降液管的布置有关。常用的降液管布置方式有单溢流、双溢流、U 形流及阶梯式双溢流等，如图 4-4 所示。

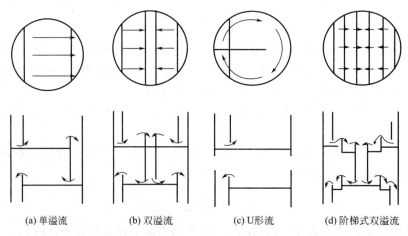

(a) 单溢流　　(b) 双溢流　　(c) U形流　　(d) 阶梯式双溢流

图 4-4　板式塔溢流类型

单溢流又称直径流。液体自受液盘横向流过塔板至溢流堰。此种溢流方式液体流径较长，塔板效率较高，塔板结构简单，加工方便，在直径小于 2.2m 的塔中被广泛使用。

双溢流又称半径流。其结构是降液管交替设在塔截面的中部和两侧，来自上层塔板的液体分别从两侧的降液管进入塔板，横过半块塔板而进入中部降液管，到下层塔板则液体由中央向两侧流动。此种溢流方式的优点是液体流动的路程短，可降低液面落差，但塔板结构复杂，板面利用率低，一般用于直径大于2m的塔中。

U 形流也称回转流。其结构是将弓形降液管用挡板隔成两半，一半做受液盘，另一半做降液管，降液和受液装置安排在同一侧。此种溢流方式液体流径长，可以提高板效率，其板面利用率也高，但它的液面落差大，只适用于小塔及液体流量小的场合。

阶梯式双溢流的塔板做成阶梯型式，每一阶梯均有溢流。此种溢流方式可在不缩短液体流径的情况下减小液面落差。这种塔板结构最为复杂，只适用于塔径很大、液流量很大的特殊场合。

溢流类型也与液体负荷及塔径有关。表 4-2 列出了溢流类型与液体流量及塔径的经验关系，可供设计时参考。

表 4-2　溢流类型与液体流量及塔径的经验关系

塔径 D/mm	液体流量 L_h/(m³/h)			
	单溢流	双溢流	U 形流	阶梯式双溢流
600	5～25		<5	
900	7～50		<7	
1000	<45	110～200	<7	
1400	<70	110～230	<9	
2000	<90	110～250	<11	
3000	<110	110～250	<11	200～300
4000	<110	90～160	<11	230～350
5000	<110		<11	250～400
6000	<110		<11	250～450
应用场合	用于高液气比或大型塔板	一般场合	用于较低液气比	用于极高液气比或超大型塔板

2. 溢流装置的设计计算

为维持塔板上有一定高度的流动液层，必须设置溢流装置。溢流装置的设计包括堰长 l_W、堰高 h_W、弓形降液管的宽度 W_d、截面积 A_f、降液管底隙高度 h_0、进口堰的高度 h'_W 和降液管间的水平距离 h_1 等，如图 4-5 所示。

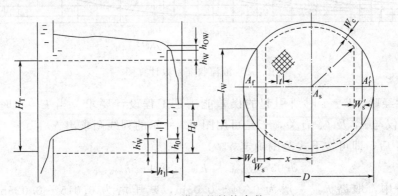

图 4-5　塔板的结构参数

（1）溢流堰（出口堰）

降液管的上端高出塔板板面，即形成溢流堰。溢流堰板的形状有平直形与齿形两种，设计中一般采用平直形溢流堰板。

弓形降液管的弦长称为堰长，以 l_W 表示。堰长 l_W 一般根据经验确定，对于常用的弓形降液管，单溢流 $l_W=(0.6\sim0.8)D$，双溢流 $l_W=(0.5\sim0.6)D$，式中 D 为塔内径。

降液管端面高出塔板板面的距离称为堰高，以 h_W 表示。堰高与板上清液层高度及堰上液层高度的关系为

$$h_L = h_W + h_{OW} \tag{4-6}$$

式中，h_L 为板上清液层高度，m；h_{OW} 为堰上液层高度，m。

设计时，一般应保持塔板上清液层高度在 50~100mm，于是，堰高 h_W 可由板上清液层高度及堰上液层高度而定。堰上液层高度对塔板的操作性能有很大的影响。堰上液层高度太小，会造成液体在堰上分布不均，影响传质效果，设计时应使堰上液层高度大于 6mm，若小于此值须采用齿形堰；堰上液层高度太大，会增大塔板压降及液沫夹带量。一般设计时 h_{OW} 不宜大于 60~70mm，超过此值时可改用双溢流型式。

对于平直堰，堰上液层高度 h_{OW} 可用费兰西斯（Francis）公式计算，即

$$h_{OW} = \frac{2.84}{1000} E \left(\frac{L_h}{l_W}\right)^{2/3} \tag{4-7}$$

式中，L_h 为塔内液体流量，m^3/h；E 为液流收缩系数，由图 4-6 查得。

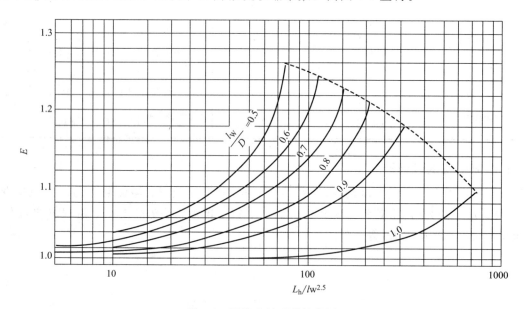

图 4-6　液流收缩系数计算图

根据设计经验，$E=1$ 时所引起的误差能满足工程设计要求。当 $E=1$ 时，由式(4-7)可看出，h_{OW} 仅与 L_h 及 l_W 有关，于是可用图 4-7 所示的列线图求出 h_{OW}。

求出 h_{OW} 后，即可按下式范围确定 h_W

$$0.05 - h_{OW} \leqslant h_W \leqslant 0.1 - h_{OW} \tag{4-8}$$

在工业塔中，堰高 h_W 一般为 0.04~0.05m，减压塔为 0.015~0.025m，加压塔为 0.04~0.08m，一般不宜超过 0.1m。

(2) 降液管

工业中以弓形降液管的应用为主，故此处只讨论弓形降液管的设计。

① 弓形降液管的宽度及截面积。弓形降液管的宽度以 W_d 表示，截面积以 A_f 表示，设计中可根据堰长与塔径之比 l_w/D 由图 4-8 查得。

为使液体中夹带的气泡得以分离，液体在降液管内应有足够的停留时间。由实践经验可知，液体在降液管内的停留时间不应小于 3～5s，对于高压下操作的塔及易起泡的物系，停留时间应更长一些。为此，在确定降液管尺寸后，应按式（4-9）验算降液管内液体的停留时间 θ，即

若不能满足式（4-9）要求，应调整降液管尺寸或塔板间距，直至满足要求为止。

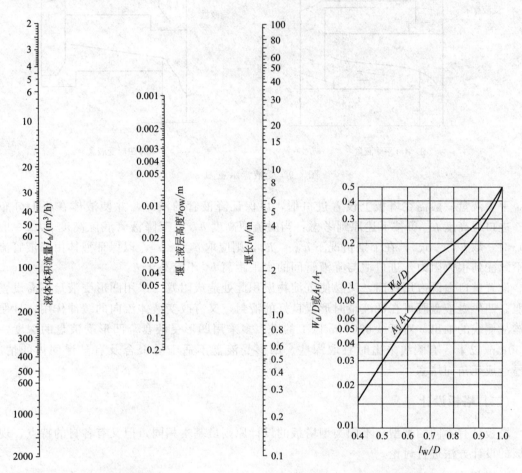

图 4-7　求 h_{OW} 的列线图　　　　图 4-8　弓形降液管的参数

$$\theta = \frac{3600 A_f H_T}{L_h} \geqslant 3 \sim 5 \tag{4-9}$$

② 降液管底隙高度。降液管底隙高度是指降液管下端与塔板间的距离，以 h_0 表示。降液管底隙高度 h_0 应低于溢流堰高度 h_w，才能保证降液管底端有良好的液封，一般不应低于 6mm，即

$$h_0 = h_w - 0.006 \tag{4-10}$$

h_0 也可按下式计算

$$h_0 = \frac{L_h}{3600 l_w u_0'} \tag{4-11}$$

式中，u_0' 为液体通过底隙时的流速，m/s。根据经验，一般取 $u_0' = 0.07 \sim 0.25$ m/s。

降液管底隙高度一般不宜小于 20~25mm，否则易于堵塞，或因安装偏差而使液流不畅，造成液泛。

(3) 受液盘

受液盘有平受液盘和凹形受液盘两种型式，如图 4-9 所示。

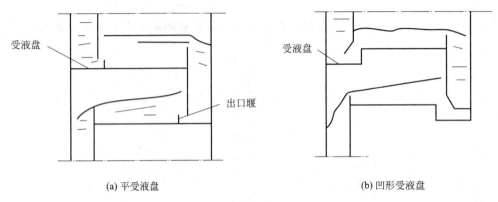

(a) 平受液盘　　　　　　　　　(b) 凹形受液盘

图 4-9　受液盘示意图

平受液盘一般需在塔板上设置进口堰，以保证降液管的液封，并使液体在板上分布均匀。进口堰高度 h_w' 可按下述原则考虑：当溢流堰高度 h_w 大于降液管底隙高度 h_0（一般情况）时，取 $h_w' = h_w$，在个别情况下 $h_w < h_0$，则应取 $h_w' > h_0$，以保证液体由降液管流出时不致受到很大阻力，进口堰与降液管间的水平距离 h_1 不应小于 h_0。

设置进口堰既占用板面，又易使沉淀物淤积此处造成阻塞。采用凹形受液盘不需设置进口堰。凹形受液盘既可在低液量时形成良好的液封，又有改变液体流向的缓冲作用，且便于液体从侧线的抽出。对于 $\phi 600$mm 以上的塔，多采用凹形受液盘。凹形受液盘的深度一般在 50mm 以上，有侧线采出时宜取深些。凹形受液盘不适于易聚合及有悬浮固体的情况，因易造成死角而堵塞。

(二) 塔板设计

塔板具有不同的类型，不同类型塔板的设计原则虽基本相同，但又有各自的特点，现对筛板的设计方法进行讨论。

1. 塔板布置

塔板板面根据所起作用不同分为 4 个区域，如图 4-5 所示。

(1) 开孔区

图 4-5 中虚线以内的区域为布置筛孔的有效传质区，亦称鼓泡区。开孔区面积以 A_a 表示，对单溢流型塔板，开孔区面积可用下式计算，即

$$A_a = 2(x\sqrt{r^2 - x^2} + \frac{\pi r^2}{180}\sin^{-1}\frac{x}{r}) \tag{4-12}$$

式中，$x = \frac{D}{2} - (W_d + W_s)$，m；$r = \frac{D}{2} - W_c$，m；$\sin^{-1}\frac{x}{r}$ 为以角度表示的反正弦函数。

(2) 溢流区

溢流区为降液管及受液盘所占的区域，其中降液管所占面积以 A_f 表示，受液盘所占面

积以 A'_f 表示。

(3) 安定区

开孔区与溢流区之间的不开孔区域称为安定区,也称破沫区。溢流堰前的安定区宽度为 W_s,其作用是在液体进入降液管之前有一段不鼓泡的安定地带,以免液体大量夹带气泡进入降液管。进口堰后的安全区宽度为 W'_s,其作用是在液体入口处,由于板上液面落差,液层较厚,有一段不开孔的安全地带,可减少漏液量。安定区的宽度可按下述范围选取,即

溢流堰前的安定区宽度 $W_s = 70 \sim 100 \text{mm}$;

进口堰后的安全区宽度 $W'_s = 50 \sim 100 \text{mm}$;

对小直径的塔($D < 1\text{m}$),因塔板面积小,安定区要相应减小。

(4) 无效区

在靠近塔壁的一圈边缘区域供支持塔板的边梁之用,称为无效区,也称边缘区。其宽度 W_c 视塔板的支承需要而定,小塔一般为 $30 \sim 50 \text{mm}$,大塔一般为 $50 \sim 70 \text{mm}$。为防止液体经无效区流过而产生短路现象,可在塔板上沿塔壁设置挡板。为便于设计及加工,塔板的结构参数已逐渐系列化。

2. 筛孔的计算及其排列

(1) 筛孔直径

筛孔直径 d_0 的选取与塔的操作性能要求、物系性质、塔板厚度、加工要求等有关,是影响气相分散和气液接触的重要工艺尺寸。按设计经验,表面张力为正系统的物系,可采用 d_0 为 $3 \sim 8 \text{mm}$(常用 $4 \sim 5 \text{mm}$)的小孔径筛板;表面张力为负系统的物系或易堵塞物系,可采用 d_0 为 $10 \sim 25 \text{mm}$ 的大孔径筛板。近年来,随着设计水平的提高和操作经验的积累,采用大孔径筛板逐渐增多,因大孔径筛板加工简单、造价低,且不易堵塞,只要设计合理,操作得当,仍可获得满意的分离效果。

(2) 筛板厚度

筛孔的加工一般采用冲压法,故确定筛板厚度应根据筛孔直径的大小,考虑加工的可能性。

对于碳钢塔板,板厚 δ 为 $3 \sim 4 \text{mm}$,孔径 d_0 应不小于板厚 δ;对于不锈钢塔板,板厚 δ 为 $2 \sim 2.5 \text{mm}$,d_0 应不小于 $(1.5 \sim 2)\delta$。

(3) 孔中心距

相邻两筛孔中心的距离称为孔中心距,以 t 表示。孔中心距 t 一般为 $(2.5 \sim 5)d_0$,t/d_0 过小易使气流相互干扰,过大则鼓泡不均匀,影响传质效率。设计推荐值为 $t/d_0 = 3 \sim 4$。

(4) 筛孔的排列与筛孔数

设计时,筛孔按正三角形排列,如图 4-10 所示。当采用正三角形排列时,筛孔的数目 n 可按下式计算,即

$$n = \frac{1.155 A_a}{t^2} \quad (4-13)$$

式中,A_a 为鼓泡区面积,m^2;t 为筛孔的中心距,m。

(5) 开孔率

筛板上筛孔总面积 A_0 与开孔区面积 A_a 的比值称为开

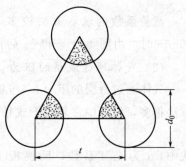

图 4-10 筛孔的正三角形排列

孔率 ϕ，即

$$\phi = \frac{A_0}{A_a} \times 100\% \tag{4-14}$$

筛孔按正三角形排列时，可以导出

$$\phi = \frac{A_0}{A_a} = 0.907\left(\frac{d_0}{t}\right)^2 \tag{4-15}$$

应予指出，按上述方法求出筛孔的直径 d_0 和筛孔数目 n 后，还需要通过流体力学验算，检验是否合理，若不合理需进行调整。

七、筛孔的流体力学验算

塔板流体力学验算的目的在于检验初步设计的塔板计算是否合理、塔板能否正常操作。验算内容包括塔板压降、液面落差、液沫夹带、漏液及液泛等。

1. 塔板压降

气体通过筛板时，需克服筛板本身的干板阻力、板上充气液层的阻力及液体表面张力造成的阻力，这些阻力形成了筛板的压降，气体通过筛板的压降 Δp_P 可由下式计算

$$\Delta p_P = h_P \rho_L g \tag{4-16}$$

式（4-16）中的液柱高度 h_P 可按下式计算，即

$$h_P = h_c + h_1 + h_\sigma \tag{4-17}$$

式中，h_c 为与气体通过筛板的干板压降相当的液柱高度，米液柱；h_1 为与气体通过板上液层的压降相当的液柱高度，米液柱；h_σ 为与克服液体表面张力的压降相当的液柱高度，米液柱。

（1）干板阻力

干板阻力 h_c 可按以下经验公式估算，即

$$h_c = 0.051\left(\frac{u_0}{c_0}\right)^2 \left(\frac{\rho_V}{\rho_L}\right) \left[1 - \left(\frac{A_0}{A}\right)^2\right] \tag{4-18}$$

式中，u_0 为气体通过筛孔的速度，m/s；c_0 为流量系数。

通常，筛板的开孔率 $\phi \leqslant 15\%$，故式（4-18）可简化为

$$h_c = 0.051\left(\frac{u_0}{c_0}\right)^2 \left(\frac{\rho_V}{\rho_L}\right) \tag{4-19}$$

流量系数的求取方法较多，当 $d_0 < 10\text{mm}$ 时，其值可由图 4-11 直接查出；当 $d_0 \geqslant 10\text{mm}$ 时，由图 4-11 查得 c_0 后再乘以 1.15 的校正系数。

（2）气体通过液层的阻力

气体通过液层的阻力 h_1 与板上清液层的高度 h_L 及气泡的状况等许多因素有关，其计算方法很多，设计中常采用下式估算

$$h_1 = \beta h_L = \beta(h_W + h_{OW}) \tag{4-20}$$

式中，β 为充气系数，反映板上液层的充气程度，其值从图 4-12 查取，通常可取 $\beta = 0.5 \sim 0.6$。

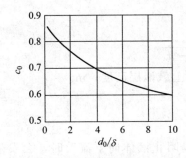

图 4-11 干筛孔的流量系数

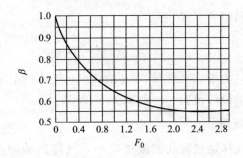

图 4-12 充气系数关联图

图 4-12 中 F_0 为气相动能因子,其定义式为

$$F_0 = u_a \sqrt{\rho_V} \tag{4-21}$$

$$u_a = \frac{V_s}{A_T - A_f} \text{(单溢流板)} \tag{4-22}$$

式中,F_0 为气相动能因子,$kg^{1/2}/(s \cdot m^{1/2})$;$u_a$ 为通过有效传质区的气速,m/s;A_T 为塔截面积,m^2;V_s 为塔板气相流量,m^3/s。

(3) 液体表面张力的阻力

液体表面张力的阻力 h_σ 可由下式估算,即

$$h_\sigma = \frac{4\sigma_L}{\rho_L g d_0} \tag{4-23}$$

式中,σ_L 为液体的表面张力,N/m。

由以上各式分别求出 h_c、h_l 及 h_σ 后,即可计算出气体通过筛板的压降 Δp_P,该计算值应低于设计允许值。

2. 液面落差

当液体横向流过塔板时,为克服板上的摩擦阻力和板上构件的局部阻力,需要一定的液位差,即液面落差。筛板上由于没有凸起的气液接触构件,故液面落差较小。在正常的液体流量范围内,对于 $D \leqslant 1600mm$ 的筛板,液面落差可忽略不计。对于液体流量很大及 $D \geqslant 2000mm$ 的筛板,需要考虑液面落差的影响。液面落差的计算方法参考有关书籍。

3. 液沫夹带

液沫夹带造成液相在塔板间的返混,严重的液沫夹带会使塔板效率急剧下降,为保证塔板效率的基本稳定,通常将液沫夹带量限制在一定范围内,设计中规定液沫夹带量 $e_V < 0.1 kg$ 液体/kg 气体。

计算液沫夹带的方法很多,设计中常采用亨特关联图,如图 4-13 所示。图中直线

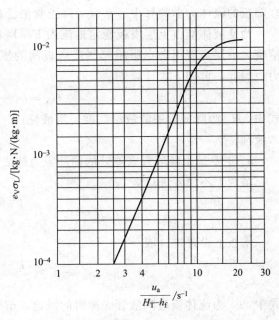

图 4-13 亨特的液沫夹带关联图

部分可回归成下式

$$e_V = \frac{5.7 \times 10^{-6}}{\sigma_L}\left(\frac{u_a}{H_T - h_f}\right)^{3.2} \tag{4-24}$$

式中，e_V 为液沫夹带量，kg 液体/kg 气体；h_f 为塔板上鼓泡层高度，m。

根据设计经验，一般取 $h_f = 2.5 h_L$。

4. 漏液

当气体通过筛孔的流速较小，气体的动能不足以阻止液体向下流动时，会发生漏液现象。根据经验，当漏液量小于塔内液流量的 10% 时对塔板效率影响不大。故漏液量等于塔内液流量的 10% 时的气速称为漏液点气速，它是塔板操作气速的下限，以 $u_{0,\min}$ 表示。

计算筛板塔漏液点气速有不同的方法。设计中可采用式（4-25）计算，即

$$u_{0,\min} = 4.4 c_0 \sqrt{(0.0056 + 0.13 h_L - h_\sigma)\rho_L/\rho_V} \tag{4-25}$$

当 $h_L < 30$mm 或筛孔孔径 $d_0 < 3$mm 时，用下式计算较适宜

$$u_{0,\min} = 4.4 c_0 \sqrt{(0.01 + 0.13 h_L - h_\sigma)\rho_L/\rho_V} \tag{4-26}$$

因漏液量与气体通过筛孔的动能因子有关，亦可采用动能因子计算漏液点气速，即

$$u_{0,\min} = \frac{F_{0,\min}}{\sqrt{\rho_V}} \tag{4-27}$$

式中，$F_{0,\min}$ 为漏液点动能因子，适宜范围为 8~10。

气体通过筛孔的实际速度 u_0 与漏液点气速 $u_{0,\min}$ 之比称为稳定系数，即

$$K = \frac{u_0}{u_{0,\min}} \tag{4-28}$$

式中，K 为稳定系数，无量纲，适宜范围为 1.5~2。

5. 液泛

液泛分为降液管液泛和液沫夹带液泛两种情况。因设计中对液沫夹带量进行了验算，故在筛板的流体力学验算中通常只对降液管液泛进行验算。

为使液体能由上层塔板稳定地流入下层塔板，降液管内须维持一定的液层高度 H_d。降液管内液层高度用来克服相邻两层塔板间的压降、板上清液层阻力和液体流过降液管的阻力，因此，可用下式计算 H_d，即

$$H_d = h_P + h_L + h_d \tag{4-29}$$

式中，H_d 为降液管中清液层高度，米液柱；h_d 为与液体流过降液管的压降相当的液柱高度，米液柱。

h_d 主要是由降液管底隙处的局部阻力造成，可按下面的经验公式估算：

塔板上不设置进口堰

$$h_d = 0.153\left(\frac{L_s}{l_w h_0}\right)^3 = 0.15(u'_0)^2 \tag{4-30}$$

塔板上设置进口堰

$$h_d = 0.2\left(\frac{L_s}{l_w h_0}\right)^3 = 0.2(u'_0)^2 \tag{4-31}$$

式中，u'_0 为流体流过降液管底隙时的流速，m/s；L_s 为塔板液相流量，m³/s。

按式（4-29）可算出降液管中清液层高度 H_d，而降液管中液体和泡沫的实际高度大于

此值。为了防止液泛，应保证降液管中泡沫液体总高度不能超过上层塔板的溢流堰，即

$$H_d \leqslant \varphi(H_T + h_W) \tag{4-32}$$

式中，φ 为安全系数。对易发泡物系，$\varphi = 0.3 \sim 0.5$；对不易发泡物系，$\varphi = 0.6 \sim 0.7$。

八、塔板的负荷性能图

以苯-甲苯物系为例来进行介绍。

1. 漏液线

由

$$u_{0,\min} = 4.4c_0\sqrt{(0.0056+0.13h_L-h_\sigma)\rho_L/\rho_V}$$

$$u_{0,\min} = \frac{V_{s,\min}}{A_0}$$

$$h_L = h_W + h_{OW}$$

$$h_{OW} = \frac{2.84}{1000}E\left(\frac{L_h}{l_W}\right)^{2/3}$$

得 $V_{s,\min} = 4.4c_0A_0\sqrt{\left\{0.0056+0.13\left[h_W+\frac{2.84}{1000}E\left(\frac{L_h}{l_W}\right)^{2/3}\right]-h_\sigma\right\}\rho_L/\rho_V}$

$$= 4.4 \times 0.772 \times 0.101 \times 0.532$$

$$\times \sqrt{\left\{0.0056+0.13\left[0.047+\frac{2.84}{1000}\times 1 \times \left(\frac{3600L_s}{0.66}\right)^{2/3}\right]-0.0021\right\}802.1/2.92}$$

整理得

$$V_{s,\min} = 3.025\sqrt{0.00961+0.114L_s^{2/3}} \tag{4-33}$$

在操作范围内，任取几个 L_s 值，依上式计算出 V_s 值，计算结果列于表 4-3。

表 4-3 漏液线计算结果

$L_s/(m^3/s)$	0.0006	0.0030	0.0045
$V_s/(m^3/s)$	0.309	0.331	0.341

由表 4-3 数据即可作出漏液线 1。

2. 液沫夹带线

以 $e_V = 0.1$ kg 液/kg 气为限，求 $V_s \sim L_s$ 关系如下。

由

$$e_V = \frac{5.7 \times 10^{-6}}{\sigma_L}\left(\frac{u_a}{H_T-h_f}\right)^{3.2}$$

$$u_a = \frac{V_s}{A_T-A_f} = \frac{V_s}{0.785-0.0567} = 1.373V_s$$

$$h_f = 2.5h_L = 2.5(h_W+h_{OW})$$

$$h_W = 0.047$$

$$h_{OW} = \frac{2.84}{1000} \times 1 \times \left(\frac{3600L_s}{0.66}\right)^{2/3} = 0.88L_s^{2/3}$$

故

$$h_f = 0.118+2.2L_s^{2/3}$$

$$H_T-h_f = 0.282-2.2L_s^{2/3}$$

$$e_V = \frac{5.7 \times 10^{-6}}{20.41 \times 10^{-3}}\left(\frac{1.373V_s}{0.282-2.2L_s^{2/3}}\right)^{3.2} = 0.1$$

整理得
$$V_s = 1.29 - 10.07 L_s^{2/3} \tag{4-34}$$

在操作范围内，任取几个 L_s 值，依上式计算出 V_s 值，计算结果列于表 4-4。

表 4-4　液沫夹带线计算结果

L_s/(m³/s)	0.0006	0.0015	0.0030	0.0045
V_s/(m³/s)	1.218	1.158	1.081	1.016

由表 4-4 数据即可作出液沫夹带线 2。

3. 液相负荷下限线

对于平直堰，取堰上液层高度 $h_{OW} = 0.006$ m 作为最小液体负荷标准。由式（4-7）得

$$h_{OW} = \frac{2.84}{1000} E \left(\frac{3600 L_s}{l_W}\right)^{2/3} = 0.006$$

取 $E = 1$，则

$$L_{s,\,min} = \left(\frac{0.006 \times 1000}{2.84}\right)^{3/2} \frac{0.66}{3600} = 0.00056 \text{ m}^3/\text{s}$$

据此可作出与气体流量无关的垂直液相负荷下限线 3。

4. 液相负荷上限线

以 $\theta = 4$ s 作为液体在降液管中停留时间的下限，由式（4-9）得

$$\theta = \frac{A_f H_T}{L_s} = 4$$

故

$$L_{s,\,max} = \frac{A_f H_T}{4} = \frac{0.0567 \times 0.40}{4} = 0.00567 \text{ m}^3/\text{s}$$

据此可作出与气体流量无关的垂直液相负荷上限线 4。

5. 液泛线

令 $H_d = \varphi(H_T + h_W)$

由 $H_d = h_P + h_L + h_d$；$h_P = h_c + h_l + h_\sigma$；$h_l = \beta h_L$；$h_L = h_W + h_{OW}$

联立得
$$\varphi H_T + (\varphi - \beta - 1) h_W = (\beta + 1) h_{OW} + h_c + h_d + h_\sigma \tag{4-35}$$

忽略 h_σ，将 h_{OW} 与 L_s，h_d 与 L_s，h_c 与 V_s 的关系式代入上式，并整理得

$$a' V_s^2 = b' - c' L_s^2 - d' L_s^{2/3} \tag{4-36}$$

式中，$a' = \frac{0.051}{(A_0 c_0)^2} \left(\frac{\rho_V}{\rho_L}\right)$；$b' = \varphi H_T + (\varphi - \beta - 1) h_W$；$c' = 0.153/(l_W h_0)^2$；

$$d' = 2.84 \times 10^{-3} E (1 + \beta) \left(\frac{3600}{l_W}\right)^{2/3}。$$

将有关数据代入，得

$$a' = \frac{0.051}{(0.101 \times 0.532 \times 0.772)^2} \times \left(\frac{2.92}{802.1}\right) = 0.108$$

$$b' = 0.5 \times 0.40 + (0.5 - 0.61 - 1) \times 0.047 = 0.148$$

$$c' = 0.153/(0.66 \times 0.032)^2 = 343.01$$

$$d' = 2.84 \times 10^{-3} \times 1 \times (1 + 0.61) \left(\frac{3600}{0.66}\right)^{2/3} = 1.421$$

故
$$0.108 V_s^2 = 0.148 - 343.01 L_s^2 - 1.421 L_s^{2/3} \tag{4-37}$$

或
$$V_s^2 = 1.37 - 3176L_s^2 - 13.16L_s^{2/3} \tag{4-38}$$

在操作范围内，任取几个 L_s 值，依上式计算出 V_s 值，计算结果列于表 4-5。

表 4-5 液泛线计算结果

L_s/(m³/s)	0.0006	0.0015	0.0030	0.0045
V_s/(m³/s)	1.275	1.190	1.068	0.948

根据以上各线方程，可作出筛板塔的负荷性能图，如图 4-14 所示。

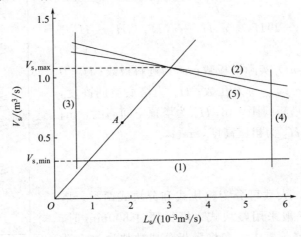

图 4-14 筛板塔负荷性能图

在负荷性能图上，作出操作点 A，连接 OA，即作出操作线。由图 4-14 可看出，该筛板的操作上限为液泛控制，下限为漏液控制。由图 4-14 查得

$$V_{s,\max} = 1.075 \text{m}^3/\text{s}$$
$$V_{s,\min} = 0.317 \text{m}^3/\text{s}$$

故操作弹性为

$$\frac{V_{s,\max}}{V_{s,\min}} = \frac{1.075}{0.317} = 3.391$$

九、板式塔的结构与附属设备

（一）塔体结构

1. 塔顶空间

塔顶空间指塔内最上层塔板与塔顶的间距。为利于出塔气体夹带的液滴沉降，其高度应大于塔板间距，设计中通常取塔顶间距为 $(1.5 \sim 2.0)H_T$，若需要安装除沫器时，要根据除沫器的安装要求确定塔顶间距。

2. 塔底空间

塔底空间指塔内最下层塔板到塔底的间距。其值由如下因素决定：
① 塔底储液空间依储存液量停留 3～8min（易结焦物料可缩短停留时间）而定。
② 再沸器的安装方式及安装高度。
③ 塔底液面至最下层塔板之间要留有 1～2m 的间距。

3. 人孔

对于 $D \geqslant 1000\mathrm{mm}$ 的板式塔，为安装、检修的需要，一般每隔 6～8 层塔板设一人孔。人孔直径一般为 450～600mm，其伸出塔体的筒体长为 200～250mm，人孔中心距操作平台约 800～1200mm。设人孔处的塔板间距应等于或大于 600mm。

4. 塔高

板式塔的塔高如图 4-15 所示。可由式（4-39）计算得到。

$$H = (n - n_\mathrm{F} - n_\mathrm{P} - 1)H_\mathrm{T} + n_\mathrm{F}H_\mathrm{F} + n_\mathrm{P}H_\mathrm{P} + H_\mathrm{D} + H_\mathrm{B} + H_1 + H_2 \quad (4\text{-}39)$$

式中，H 为塔高，m；n 为实际塔板数；n_F 为进料板数；H_F 为进料板处塔板间距，m；n_P 为人孔数；H_B 为塔底空间高度，m；H_P 为设人孔处的塔板间距，m；H_D 为塔顶空间高度，m；H_1 为封头高度，m；H_2 为裙座高度，m。

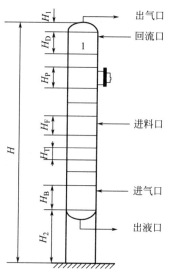

图 4-15 板式塔塔高示意图

（二）塔板结构

塔板按结构特点，大致可分为整块式和分块式两类。塔径小于 800mm 时，一般采用整块式；塔径超过 800mm 时，由于刚度、安装、检修等要求，多将塔板分成数块通过人孔送入塔内，对于单溢流型塔板，塔板分块如表 4-6 所示，其常用的分块方法如图 4-16 所示。

表 4-6 塔板分块数

塔径/mm	800～1200	1400～1600	1800～2000	2200～2400
塔板分块数	3	4	5	6

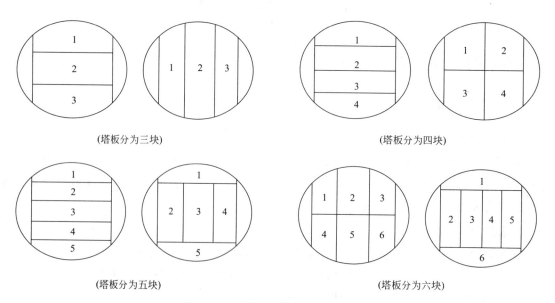

图 4-16 单溢流型塔板分块示意图

(三) 板式塔的附属设备

板式塔的附属设备包括蒸气冷凝器、产品冷却器、再沸器（蒸馏釜）、原料预热器等，可根据有关教材或化工手册进行选型与设计。以下着重介绍再沸器（蒸馏釜）和冷凝器的型式和特点，具体设计计算过程从略。

1. 再沸器（蒸馏釜）

该装置的作用是加热塔底料液使之部分汽化，以提供板式塔内的上升气流。工业上常用的再沸器（蒸馏釜）有以下几种。

（1）内置式再沸器（蒸馏釜）

将加热装置直接设置于塔的底部，称为内置式再沸器（蒸馏釜），如图 4-17(a) 所示。加热装置可采用夹套、蛇管或列管式加热器等不同形式，其装料系数依物系起泡倾向取为 60%～80%。内置式再沸器（蒸馏釜）的优点是安装方便、可减少占地面积，通常用于直径小于 600mm 的蒸馏塔中。

（2）釜式（罐式）再沸器

对直径较大的塔，一般将再沸器置于塔外，如图 4-17(b) 所示。其管束可抽出，为保证管束浸于沸腾液中，管束末端设溢流堰，堰外空间为出料液的缓冲区。其液面以上空间为气液分离空间，设计中，一般要求气液分离空间为再沸器总体积的 30% 以上。釜式（罐式）再沸器的优点是汽化率高，可达 80% 以上。若工艺过程要求较高的汽化率，宜采用釜式（罐式）再沸器。此外，对于某些塔底物料需分批移出的塔或间歇精馏塔，因操作范围变化大，也应采用釜式（罐式）再沸器。

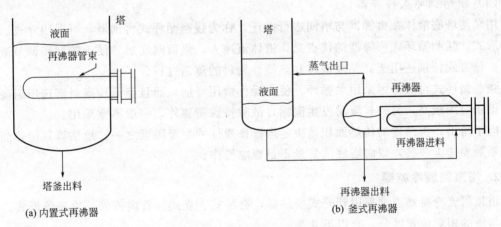

图 4-17 内置式及釜式再沸器

（3）热虹吸式再沸器

利用热虹吸原理，即再沸器内液体被加热部分汽化后，气液混合物密度小于塔内液体密度，使再沸器与塔间产生静压差，促使塔底液体被"虹吸"进入再沸器，在再沸器内汽化后返回塔中，因而不必用泵便可使塔底液体循环。热虹吸式再沸器有立式、卧式两种形式，如图 4-18 所示。

立式热虹吸式再沸器的优点是，按单位面积计的金属耗用量显著低于其他型式，并且传热效果较好、占地面积小、连接管线短。但立式热虹吸式再沸器安装时要求板式塔底部液面与再沸器顶部管板持平，要有固定标高，其循环速率受流体力学因素制约。当处理能力大，要求循环量大，传热面也大时，常选用卧式热虹吸式再沸器。一是由于随传热面加大其单位面积的金属耗量降低较快，二是其循环量受流体力学因素影响较小，可在一定范围内调整塔底与再沸器之间的高度差以适应要求。

热虹吸式再沸器的汽化率不能大于 40%，否则传热不良，且因加热管不能充分润湿而易结垢，故对要求较高汽化率的工艺过程和处理易结垢的物料不宜采用。

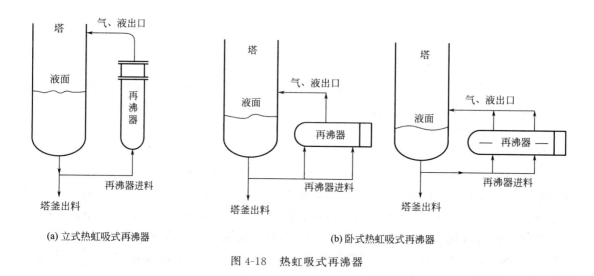

图 4-18　热虹吸式再沸器

（4）强制循环式再沸器

用泵使塔底液体在再沸器与塔间进行循环，称为强制循环式再沸器，可采用立式、卧式两种形式。强制循环式再沸器的优点是，液体流速大，停留时间短，便于控制和调节液体循环量。该方式特别适用于高黏度液体和热敏性物料的蒸馏过程。

强制循环式再沸器因采用泵循环，使得操作费用增加，而且釜温较高时需选用耐高温的泵，设备费用较高，另外料液易发生泄漏，故除特殊需要外，一般不宜采用。

应予指出，再沸器的传热面积是决定塔操作弹性的主要因素之一，故估算其传热面积时安全系数要选大一些，以防塔底蒸发量不足影响操作。

2. 塔顶回流冷凝器

塔顶回流冷凝器通常采用管壳式换热器，有卧式、立式、管内或管外冷凝等形式。按冷凝器与塔的相对位置区分，有以下几类。

（1）整体式及自流式

将冷凝器直接安置于塔顶，冷凝器借重力回流入塔，即整体式冷凝器，又称内回流式，如图 4-19 所示。其优点是蒸气压降较小，节省安装面积，可借改变升气管或塔板位置调节位差以保证回流与采出所需的压头。缺点是塔顶结构复杂，维修不便，且回流比难以精确控制。

该方式常用于以下几种情况：传热面较小（例如 $50m^2$ 以下）；冷凝液难以用泵输送或泵送有危险的场合；减压蒸馏过程。

自流式冷凝器即将冷凝器置于塔顶附近的台架上，靠改变台架高度获得回流和采出所需的位差。

(2) 强制循环式

当塔的处理量很大或塔板数很多时,若回流冷凝器置于塔顶将造成安装、检修等诸多不便,且造价高,可将冷凝器置于塔下部适当位置,用泵向塔顶输送回流,在冷凝器和泵之间需设回流罐,即为强制循环式。冷凝器置于回流罐之上时,回流罐的位置应保证其中液面与泵入口间的位差大于泵的汽蚀余量,若罐内液温接近沸点时,应使罐内液面比泵入口高出3m以上。

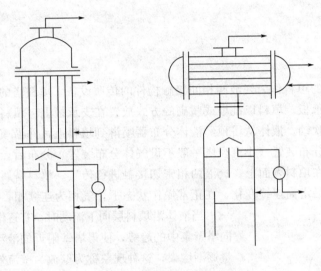

图 4-19 塔顶回流冷凝器

思考题

1. 板式塔设计的程序包括哪些?
2. 确定板式塔设计方案的依据有哪些?
3. 板式塔塔板主要包括哪些?如何选择?
4. 板式塔塔板如何进行流体力学验算?
5. 板式塔的负荷性能图包括哪几条线?其作用是什么?
6. 板式塔零部件包括哪些?

第五章
填料塔设计

一、填料塔概述

填料塔是以塔内的填料作为气液两相间接触构件的传质设备。填料塔的塔身是一直立式圆筒，底部装有填料支承板，填料以乱堆或整砌的方式放置在支承板上。填料的上方安装填料压板，以防被上升气流吹动。液体从塔顶经液体分布器喷淋到填料上，并沿填料表面流下。气体从塔底送入，经气体分布装置（小直径塔一般不设气体分布装置）分布后，与液体呈逆流连续通过填料层的空隙，在填料表面上，气液两相密切接触进行传质。填料塔属于连续接触式气液传质设备，两相组成沿塔高连续变化，在正常操作状态下，气相为连续相，液相为分散相。

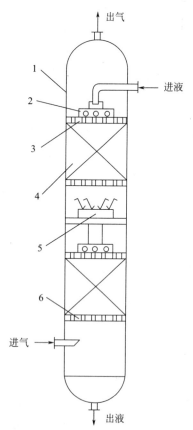

图 5-1　填料塔结构示意图
1—塔壳体；2—液体分布器；3—填料压板；
4—填料；5—液体再分布器；6—填料支承板

当液体沿填料层向下流动时，有逐渐向塔壁集中的趋势，使得塔壁附近的液流量逐渐增大，这种现象称为壁流。壁流效应造成气液两相在填料层中分布不均，从而使传质效率下降。因此，当填料层较高时，需要进行分段，中间设置再分布装置。液体再分布装置包括液体收集器和液体再分布器两部分，上层填料流下的液体经液体收集器收集后，送到液体再分布器，经重新分布后喷淋到下层填料上。填料塔由填料、塔内件及筒体构成，如图 5-1 所示。

设备拆装
（填料塔）

填料是填料塔的核心构件，它提供了气液两相接触传质与换热的表面，与塔内件一起决定了填料塔的性能。最初的填料是焦炭、石块等不定形物，随着填料塔研究的深入，相继出现了拉西环、鲍尔环、改进型鲍尔环、阶梯环、贝尔鞍形等早期的填料，直至 1978 年出现了金属环矩鞍填料，它集中了早期填料的所有优点，具有压降低、通量高、液体分布性能好、传质效率高和操作弹性大等优良的综合性能。近年来，由于精馏应用范围的扩大，采用填料塔分离的生产日益增多，推动了高效填料塔向大型化发展，塔的设计理念也主要为追求高分离效率和高综合效益，基于这一要求，研究者开发出了更加高效的新型多管式高效填料塔。为适应生产规模大型化要求，出现了规整填料，它能够使塔内液体均匀分布，具有较高的分离效率,并且能够进行放大,同时可以降低填料层阻力及持液量,具有良好的节能效果。规整填料在整个塔截面上几何形状规则、对称、均匀,在相同的能量和压降下,与散装填料相比,规整填料的表面积大、效率高。由于规整填料的规整性,合理的设计可以做到几乎无放大效应。常见的规整填料有碳钢渗铝板波纹填料、压延板波纹填料、LH型规整填料等。

塔内件主要包括不同形式的液体分布装置、填料固定装置、填料支承装置、液体收集再分布装置、进料装置和气体分布装置等。筒体主要有整体式结构及法兰连接分段式结构。对于直径大于800mm的填料塔,筒体一般采用整体式结构,填料和所有塔内件从人孔送入塔内组装。对于直径小于800mm的填料塔,筒体一般采用法兰连接分段式结构,填料和所有塔内件均从筒体法兰口送入塔内组装。一座性能优良的填料塔,除填料的性能良好外,与之匹配的塔内件也是至关重要的。比如:与板式塔相比,填料塔对液体的不均匀分布更为敏感,液体在填料塔内的分布性能以及最终的填料性能在很大程度上同液体的初始分布有关。液体的不均匀分布会导致填料效率的降低,特别是对规整填料等低压降填料。在实际过程中,若塔内填料层较高、填料比表面积较大、填料效率很好时,液面不均匀分布产生的负面效应更加明显。

近几十年来,填料塔以其优良的综合性能不断推广应用到工业生产中,改变了板式塔长期占据主要地位的局面,与板式塔相比新型的填料塔性能具有如下特点:

① 生产能力大。板式塔与填料塔的流体流动和传质机理不同。板式塔的传质是通过上升的蒸气穿过板上的液池来实现。塔板的开孔率一般占塔截面积的8%~15%,其优化设计要考虑塔板面积与降液管面积的平衡,否则即使开孔率加大也不会使生产能力提高。填料塔的传质是通过上升的蒸气与依靠重力沿着填料表面下降的液体逆流接触实现,填料塔的开孔率一般均在50%以上,其孔隙率则超过90%,一般液泛点较高,其优化设计主要考虑与塔内件的匹配,若塔内件设计合理,填料塔的生产能力一般高于板式塔。

② 分离效率高。塔的分离效率决定于被分离物系的性质、操作状态、类型和性能。通常,填料塔具有较高的分离效率,但其分离效率会随着操作状态的变化而改变,其操作状态用流动参数表示,其定义为

$$FP = \frac{L}{G}\sqrt{\frac{\rho_G}{\rho_L}} \tag{5-1}$$

式中,L 为塔内液相流率,kg/h;G 为塔内气相流率,kg/h;ρ_L 为塔内液相密度,kg/m³;ρ_G 为塔内气相密度,kg/m³。

当 $FP<0.03$ 时,塔的操作状态处于真空或低液量下,这时填料塔的分离效率明显高于板式塔;当 $FP>0.03$ 时,塔的操作状态处于高压或高液量下,这时板式塔的分离效率较填料塔高,由于实际生产中分离操作大多处于真空及常压下,因此填料塔的应用较为广泛。

③ 压力降小。由于填料塔空隙率较高,故其压降远远小于板式塔。通常塔的每个理论级压降为:板式塔为 0.4~1.1kPa,散装填料为 0.01~1.07kPa,规整填料为 0.01~1.07kPa。一般情况下,板式塔压降要远远高于填料塔。压降的减小意味着操作压力的降低,在分离体系中,压力的下降通常会使相对挥发度上升,有利于提高分离效率。

④ 操作弹性大。塔正常操作时的负荷变动范围越大,其操作弹性就越大。同板式塔相比,填料塔的填料本身对负荷变化的适应性就大,故填料塔的操作弹性比板式塔大。而填料塔的操作弹性由塔内件决定,因此设计时可以根据实际需要确定填料塔的操作弹性。

⑤ 持液量小。持液量是指塔在正常操作时填料表面、塔内件或塔板上持有的液量,它随操作负荷的变化而变化。持液量在塔中可起到缓冲作用,使塔的操作平稳,不易引起产品

第五章 填料塔设计

的迅速变化。填料塔的持液量一般小于6%，而板式塔的持液量一般为8%~10%。

当然，填料塔也有一些不足，比如填料造价高、当液体负荷较小时不能有效润湿填料表面，因此填料塔不能直接用于有悬浮物或易聚合的物料分离，对于需要安装中间再沸器或多侧线出料的复杂精馏不太适用。

二、精料塔设计方案的确定

1. 吸收剂的选择

填料塔是当前应用较为广泛的吸收操作设备，而对于吸收操作来说，选择合适的吸收剂具有十分重要的现实意义和经济效益。吸收过程主要依赖于气体溶质在溶剂中的溶解度，因此吸收剂的好坏是决定吸收效果的关键因素。为提高吸收率，节约吸收剂用量，吸收剂对溶质的溶解度越大越好。为实现溶液各组分高效的分离，吸收剂对溶质的选择性要好，而对体系中的其他组分的吸收越小越好。为减少吸收过程和解吸过程中吸收剂的损耗，在一定操作条件下，吸收剂的蒸气压要低。为提高体系的传质传热速率，吸收剂的黏度要低，以增加其在塔内的流动性。此外，选择吸收剂时，还应考虑吸收剂的理化性质和价格等，吸收剂尽可能选择无毒、无易燃易爆性、无腐蚀性的原料，同时原料尽可能廉价易得。

2. 装置流程的选择

填料塔的装置流程按操作方式可分为逆流操作、并流操作和吸收剂部分循环操作。逆流操作中气相由塔底流入，从塔顶排出，液相则从塔顶流入，从塔底流出。逆流操作传质速率快，分离效率高，吸收剂利用率高。并流操作中气相和液相都从塔顶流入，从塔底流出，因此并流操作的系统不受液流限制，可通过提高操作气速来提高生产能力。并流操作通常适用于吸收过程的平衡曲线较为平坦，液流对推动力影响不大；易溶气体的吸收或吸收的气体不需吸收很完全；吸收剂用量很大，逆流操作易引起液泛等情况。吸收剂部分循环操作中，用泵将一部分吸收塔排出的冷却后的吸收剂与补充的新鲜吸收剂一同送回塔内，通常适用于以下情况：吸收剂用量较少，为了提高塔的喷淋密度；非等温吸收过程，为了控制塔内的温度升高，需要取出部分热量；相平衡常数较小时，提高吸收剂的利用率。

3. 填料的选择

填料的选择主要包括填料的种类、规格及材质等的选择。在实际设计中，选择的填料既要符合生产需要，又要控制成本。

(1) 填料方式的选择

填料按装填的方式，一般可分为散装填料和规整填料两大类。散装填料又称颗粒填料或乱堆填料，是指一定形状、尺寸的颗粒以随机的方式堆积在塔内。常见的散装填料有拉西环填料、鲍尔环填料和阶梯环填料。拉西环填料的结构特点是外径与高度相等的圆环。拉西环虽然传质性能不好，但其结构简单，制造容易，价格较低，仍被一些工厂采用。鲍尔环填料是在拉西环的基础上改进而来的，在环壁上开出两排带有内伸舌片的窗，这样的改进很好地改善了气液分布，同时充分利用了环的内表面，与拉西环相比其通量大、传质效率高，因此鲍尔环是目前应用较广的填料之一。阶梯环填料是在鲍尔环填料的基础上进行改进的。阶梯环与鲍尔环相比，高度降低了一半，同时阶梯环填料的侧端增加了翻边，这样不仅提高了填料的机械强度，而且大大增加了填料层间的空隙，因此阶梯环填料是目前环形填料中最好的一种填料方式。

规整填料是填料按一定的几何形状排列，并整齐堆砌的填料。按其几何形状可分为格栅填料、脉冲填料、波纹填料等。目前使用最多的规整填料是波纹填料。波纹填料按结构可分为网波纹填料和板波纹填料。其中金属丝波纹填料是网波纹填料的主要形式，由金属丝制成，其主要特点是分离效率高、压降低，虽然其造价高，但由于其性能优越，应用较广。而金属板波纹填料则是板填料的主要形式，其主要特点是在波纹板片上冲压许多有一定尺寸的小孔，小孔促使粗分配板片上的液体加强横向混合，同时波纹板片上有细小沟纹，促使细分配板片上的液体增强表面润湿性能。总之，波纹填料的优点是传质效率高、阻力小、处理量大、比表面积大。但缺点也较为明显，主要是清洗难，造价高，不适用于处理黏度大、易聚合或有悬浮物的物料。

填料方式的选择原则是传质效率要高、通量要大、压降要低、经济耐用、清理安装方便。

(2) 填料规格的选择

填料规格通常指填料的尺寸或比表面积。散装填料规格常用填料的尺寸表示。相同的散装填料，尺寸越小，分离效果越好，但尺寸变小，阻力会增大，通量会减少。若尺寸大的填料用于小的直径塔中，则产生液体分布不均和严重的壁流，大大影响塔的分离效率，因此，散装填料规格的选择不仅要考虑尺寸的大小，也需要确定塔径与填料尺寸的比值合理，一般塔径与填料直径的比值大于 8。规整填料规格常用比表面积表示，同类型的规整填料，比表面积越大，传质效率越高，但阻力会增加，通量会变小，造成填料费用增加。

选择时应综合考虑传质效率、阻力、通量以及经济性等因素。一般情况下选择的填料比表面积及空隙率要大、填料的润湿性要好、气体通过能力大、阻力小、液体滞留量小、单位体积填料的质量轻、造价低，并有足够的机械强度。在实际操作中，填料塔填料的选择有多种方式，可以选择同一类型、同一规格的填料，也可以选择同一类型不同规格的填料，还可以选择不同类型不同规格的填料，具体选择时需要结合生产实际，既要考虑技术指标，也要考虑经济效益。

(3) 填料材质的选择

填料的材质主要有陶瓷、金属、塑料三类。陶瓷填料的优点是耐腐蚀性强、耐热性好、价格便宜和表面润湿性能好，缺点是质地脆、易破损，因此陶瓷填料一般用于液体萃取、气体洗涤、气体吸收过程。金属填料的优点是加工成型方便，可制成薄壁结构，具有通量大、气体阻力小、抗冲击性能高的特点，同时能够在高温、高压、高冲击强度下使用，缺点是耐腐蚀性不好。塑料填料的优点是材质轻、价格便宜、耐冲击、不易破损，缺点是表面润湿性能差，常用于吸收、解吸、萃取、除尘等过程。

4. 填料塔内件的选择

填料塔的内件是保障填料塔综合性能优良的主要因素之一，因此选择合适的塔内件至关重要。

(1) 填料支承装置的选择

填料支承装置的主要作用是支承塔内的填料以及填料层内液体的重量，并保证气液两相顺利通过。支承装置的选择主要与塔径、填料种类及型号、塔体及填料的材质、气液流率等有关。在选择时，应取自由截面大的装置，这是因为自由截面过小，会产生拦液现象，造成压降增大，效率降低，甚至形成液泛。

(2) 填料压紧装置

填料压紧装置的主要作用是防止在气流的作用下填料床层发生松动和跳动。填料压紧装置分为填料压板和床层限制板两类。填料压板自由放置于填料层上端,靠自身重量将填料压紧,床层限制板要固定在塔壁上。在实际选用时为防止在填料压紧装置处压降过大发生液泛,要求填料压紧装置的自由截面积应大于70%。

(3) 液体分布装置

液体分布装置可分为初始分布器和再分布器。初始分布器设置于填料塔内,用于将塔顶液体均匀地分布在填料表面上。初始分布器的好坏对填料塔效率影响很大,分布器设计不当,会使液体预分布不均,填料层的有效湿面积减小,偏流现象和沟流现象增加,难以达到满意的分离效果。液体分布器的性能主要由分布器的布液点密度(即单位面积上的布液点数)、各布液点均匀性、各布液点上液相组成的均匀性决定,设计液体分布器主要是决定这些参数。在实际选用中,液体分布要均匀,自由截面积要大,操作弹性大。

(4) 气体的进出口装置

气体的进出口装置的作用是使气体分散得更加均匀,防止塔内向下流的液体进入气体管路。在选用时,塔径较大时,气体进口装置选用的进气管的末端应为向下的喇叭口,而塔径更大时,气体进口装置应采取气体均布措施,气体的出口装置则需要保证气流畅通,同时又能除去被气体夹带的液体液雾。

(5) 液体的出口装置

液体的出口装置的主要作用是使液体顺畅排出,同时起到对塔内气体的液封作用,并阻止液体夹带气体。通常液体出口装置采用水封。

(6) 除沫装置

除沫装置的主要作用是回收从塔顶排出的气体夹带的液沫和雾滴,该装置一般安装在塔顶。通常小塔径选用折流板式除沫器,大塔径或净化要求高的选用旋流板式除沫器。

5. 操作参数的选择

(1) 操作温度的选择

降低温度可以提高溶质在吸收剂中的溶解度,升高温度可以降低溶质在吸收剂中的溶解度,因此低温有利于吸收操作,但在实际操作中应避免过冷以减少能量消耗。

(2) 操作压力的选择

提高操作压力可以增加体系气相中溶质的分压,增加溶质的溶解度,提高吸收过程的推动力,从而有利于吸收进行。在实际操作中,压力越大,对设备和材料的要求越高,会增加成本和能耗。

此外,在实际操作中还应考虑进料的组成、成分、流量和摩尔分数,吸收效率以及各组分物性参数等。

三、填料塔的工艺计算

1. 操作参数的确定

通过基础物性数据表,首先确定进料中各组分的基本物性数据以及相关气液相平衡数据等。主要包括系统的状态,各组分的流量、摩尔组成、密度、黏度、相对分子质量、沸点、蒸气压、比热容、扩散系数、亨利系数、溶解度系数、相平衡常数等。

2. 吸收剂用量的计算

下面以水吸收氨气为例。系统的操作压力为 p，kPa；操作温度为 T，K。在此操作条件下，氨气（溶质）在水（吸收剂）中的溶解度系数为 H，亨利系数为 E，c_A 是氨气在水中的浓度。

溶解度系数 H 和亨利系数 E 的关系为

$$\frac{1}{H} = \frac{EM_s}{\rho + c_A(M_s - M_A)} \tag{5-2}$$

对于稀溶液，$c_A \ll 1$，上式可以简化为

$$H = \frac{\rho}{EM_s} \tag{5-3}$$

式中，ρ 为溶液的密度，kg/m^3；M_s 为吸收剂（水）的相对分子质量；M_A 为溶质（氨气）的相对分子质量。

所以亨利系数 E 为

$$E = \frac{\rho}{HM_s} \tag{5-4}$$

那么相平衡常数 k 为

$$k = \frac{E}{p} \tag{5-5}$$

进料气中溶质（氨气）的物质的量比 Y_1 为

$$Y_1 = \frac{y_1}{1 - y_1} \tag{5-6}$$

式中，y_1 是溶质（氨气）的摩尔分数。

出料气中溶质（氨气）的物质的量比 Y_2 为

$$Y_2 = \frac{Y_1}{1 - \eta} \tag{5-7}$$

式中，η 为填料塔的吸收率。

入塔时吸收剂中溶质的物质的量比为 X_2，当吸收剂为纯净物时 $X_2 = 0$。将进料气中除氨气外的气体看作惰性气体，那么进料气中惰性气体的摩尔流量 V_1 为

$$V_1 = \frac{V}{22.4} \times (1 - y_1) \tag{5-8}$$

式中，V 为进料气的体积流量，L/s。

最小吸收剂用量 L_1 为

$$L_1 = Vk \times \frac{Y_1 - Y_2}{Y_1 - X_2} \tag{5-9}$$

吸收剂用量 L 一般为 L_1 的 1.5 倍。

3. 塔径的计算

塔径 D 可根据流量和流速的关系式计算

$$D = \sqrt{\frac{4V}{\pi u}} \tag{5-10}$$

式中，D 为塔径，m；V 为进料气的体积流量，m^3/h；u 为空塔气速，m/h。空塔气速可采

用泛点气速计算，泛点气速 u_F 是指填料塔操作气速的最大值。

对于散装填料

$$u = (0.5 \sim 0.85) u_F \tag{5-11}$$

对于规整填料

$$u = (0.6 \sim 0.95) u_F \tag{5-12}$$

泛点气速 u_F 的计算主要应用贝恩-霍根改进公式，此公式使用多种类型的填料

$$\lg\left(\frac{u_F^2}{g} \times \frac{a}{\varepsilon^3} \times \frac{\rho_V}{\rho_L} \mu_L^{0.2}\right) = A - K\left(\frac{W_L}{W_V}\right)^{1/4}\left(\frac{\rho_V}{\rho_L}\right)^{1/8} \tag{5-13}$$

式中，u_F 为泛点气速，m/s；g 为重力加速度，9.81m/s²；a 为填料比表面积，m²/m³；ε 为填料层空隙率，m³/m³；ρ_V、ρ_L 为气相、液相密度，kg/m³；μ_L 为液体黏度，mPa·s；W_L、W_V 为液相、气相的质量流量，kg/h；A、K 为关联常数，见表5-1。

表 5-1 常见填料类型中的 A、K 值

填料类型	A	K	填料类型	A	K
瓷拉西环	0.022	1.75	塑料鲍尔环	0.942	1.75
瓷弧鞍	0.26	1.75	金属鲍尔环	0.10	1.75
瓷阶梯环	0.2943	1.75	金属丝网波纹	0.30	1.75
金属阶梯环	0.106	1.75	塑料丝网波纹	0.4201	1.75
塑料阶梯环	0.204	1.75	金属网孔波纹	0.155	1.75
压延孔板波纹4.5	0.35	1.75	金属孔板波纹	0.291	1.75
压延孔板波纹6.3	0.49	1.75	塑料孔板波纹	0.291	1.263
金属板波纹(250Y)	0.291	1.75			

4. 填料层高度的计算

本书主要采取等板高度法来计算填料层高度，基本计算公式为

$$Z = HETP \times N_T \tag{5-14}$$

式中，N_T 为填料塔的理论板数，无量纲；$HETP$ 为等板高度，m。

理论板数的计算详见有关《化工原理》教材，本节介绍等板高度的计算。等板高度不仅与填料的类型、尺寸有关，而且还与各组分的物性、操作条件以及设备尺寸有关。$HETP$ 的计算一般通过实验测定或者通过式（5-15）计算得到。

$$\ln(HETP) = h - 1.292\ln\sigma_L + 1.47\ln\mu_L \tag{5-15}$$

式中，σ_L 为液体表面张力，N/m；μ_L 为液体黏度，Pa·s；h 为常数，详见表5-2。

表 5-2 常见的 h 值

填料类型	h	填料类型	h
DN25金属环矩鞍填料	6.8505	DN50金属鲍尔环填料	7.3781
DN40金属环矩鞍填料	7.0382	DN25瓷环矩鞍填料	6.8505
DN50金属环矩鞍填料	7.2883	DN38瓷环矩鞍填料	7.1079
DN25金属鲍尔环填料	6.8505	DN50瓷环矩鞍填料	7.4430
DN38金属鲍尔环填料	7.0779		

式（5-15）是通过大量数据获得的，因此它的使用范围为

$$10^{-3} < \sigma_L < 36 \times 10^{-3} \tag{5-16}$$

$$0.08 \times 10^{-3} < \mu_L < 0.83 \times 10^{-3} \tag{5-17}$$

在实际设计中，还应考虑一定的安全系数，一般情况下，设计的填料塔高度 Z^* 为

$$Z^* = AZ \tag{5-18}$$

式中，Z^* 为设计时的填料塔高度，m；Z 为通过式（5-18）求出的填料层高度；A 为常数，该值一般在 1.2~1.5 之间。

5. 气体通过填料层压降的计算

在湍流条件下计算填料层压降的关联式为

$$\Delta p = \alpha 10^{\beta L} \frac{V^2}{\rho_V} \tag{5-19}$$

式中，Δp 为每米填料层的压降，kPa；ρ_V 为气相密度，kg/m³；L、V 为液体、气体的质量流率，kg/s；α、β 为常数，可通过查阅填料手册获得。

思考题

1. 吸收剂的选择及要求是什么？
2. 吸收塔常用填料的种类及适用条件是什么？
3. 填料吸收塔的工艺流程和选择依据是什么？

第三篇 单元设备的模拟计算

第六章 Aspen Plus简介

Aspen Plus 是大型通用流程模拟系统，源起于美国能源部在 20 世纪 70 年代后期在麻省理工学院（MIT）组织会战，要求开发新型第三代流程模拟软件。这个项目称为"先进过程工程系统"（Advanced System for Process Engineering），简称 ASPEN。这一大型项目于 1981 年底完成。1982 年 Aspen Tech 公司成立，将其商品化，称为 Aspen Plus。这一软件经过近 40 年的不断改进、扩充、提高，已经历了九个版本，成为全世界公认的标准大型流程模拟软件。

全世界各大化工、石化生产厂家及著名工程公司都是 Aspen Plus 的用户。它以严格的机理模型和先进的技术赢得广大用户的信赖，它具有以下特性：

① Aspen Plus 有一个公认的跟踪记录，在一个工艺过程制造的整个生命周期中提供巨大的经济效益，制造生命周期包括从研究与开发经过工程到生产。

② Aspen Plus 使用最新的软件工程技术，通过它的 Microsoft Windows 图形界面和交互式客户-服务器模拟结构使得工程生产力最大。

③ Aspen Plus 拥有实际应用所需的工程能力，这些实际应用包括从炼油到非理想化学系统到含电解质和固体的工艺过程。

④ Aspen Plus 是 Aspen Tech 的集成制造系统技术的一个核心部分，该技术能在公司的整个过程工程基本设施范围内捕获过程专业知识并充分利用。

在实际应用中，Aspen Plus 可以帮助工程师解决快速闪蒸计算、设计一个新的工艺过程、查找一个原油加工装置的故障或者优化一个乙烯全装置的操作等工程和操作等关键问题。

一、Aspen Plus 的主要功能

Aspen Plus 主要进行严格的电解质模拟、固体处理、石油处理、数据回归、数据拟合、优化、用户子程序等功能的模拟与计算。

Aspen Tech 执行这些功能，可以从不同的软件进行，包括的主要软件如下。

1. 设计与优化软件（PDO）

Aspen Plus（静态过程模拟软件），Aspen Dynamics（动态过程模拟软件），Aspen Custom Modeler（动态模型开发软件），Aspen Pinch（系统节能软件），Split（精馏系统优化软件），Batch Plus（间歇过程模拟软件），Polymers Plus（聚合物过程模拟软件），Batchfrac（间歇精馏模拟软件），Ratefrac（速率型精馏塔模拟软件），BJAC（换热器设计软件），Aspen Zyqad（工艺设计平台），Aspen Online（在线实施模型的应用工具）等。

2. 先进控制软件（ACO）

DMC Plus（动态矩阵控制软件），RT-OPT（在线实时优化软件），Aspen IQ（推理传感器建模和实施软件包），Aspen Watch（控制器性能检测软件），IMD（信息管理系统软件），Info Plus.21（实时数据库），Aspen Advisor（工厂性能控制和收率统计应用软件），Aspen AdvisorTM（专家系统-数据校正模块）等。

3. 供应链软件（Supply Chain）

Aspen Pims（工厂计划优化管理系统）等。

二、化工单元操作模型简介

Aspen Plus 中化工单元操作模型主要包括：混合器/分流器、分离器、换热器、塔、反应器、压力变换器、物流器、操作器用户模型等。主要分类和功能见表 6-1～表 6-9。

表 6-1 Aspen Plus 混合器/分流器模型分类及功能

模型	说明	目的	用途
Mixer	物流混合器	把多股物流混合成一股物流	混合三通,物流混合操作,添加热流股,添加功流股
FSplit	物流分流器	把物流分成多个流股	物流分流器,排气阀
SSplit	子物流分流器	把子物流分成多个流股	固体物流分流器,排气阀

表 6-2 Aspen Plus 分离器模型分类及功能

模型	说明	目的	用途
Flash2	两股出料闪蒸	确定热和相态条件	闪蒸器,蒸发器,分离罐,单级分离罐
Flash3	两股出料闪蒸	确定热和相态条件	倾析器,带有两个液相的单级分离罐
Decanter	液-液倾析器	确定热和相态条件	倾析器,带有两个液相无气相的单级分离罐
Sep	组分分离器	把入口物流组分分离到出口物流	组分分离操作,例如,当分离的详细资料不知道或不重要时的蒸馏和吸收
Sep2	两股出料组分分离器	把入口物流组分分离到两个出口物流	组分分离操作,例如,当分离的详细资料不知道或不重要时的蒸馏和吸收

表 6-3　Aspen Plus 换热器模型分类及功能

模型	说明	目的	用途
Heater	加热器或冷却器	确定热和相态条件	换热器,冷却器,阀门,当与功有关的结果不需要时的泵和压缩机
HeatX	两物流换热器	两股物流的换热器	两股物流换热器,当知道管壳换热器尺寸时可以进行核算
MHeatX	多物流换热器	任何数量物流的换热器	多股物流和冷流换热器,两股物流换热器,LNG 换热器
Hetran[①]	BJAC Hetran 程序界面	管壳式换热器的设计和模拟	具有多种结构的管壳式换热器
Aerotran[①]	BJAC Aerotran 程序界面	空冷器的设计和模拟	具有多种结构的空冷器,用于模拟节煤器和加热炉的对流段

① 要求单独许可。

表 6-4　Aspen Plus 简捷塔模型分类及功能

模型	说明	目的	用途
DSTWU	简捷法蒸馏设计	确定最小回流比,最小理论板数,用 Winn-Underwood-Gilliland 方法得到实际回流或实际塔板数	带有一个进料物流和两个产品物流的塔
Distl	简捷法蒸馏核算	用 Edmister 方法在回流比、理论板数和 D/F 的基础上确定分离	带有一个进料物流和两个产品物流的塔
SCFrac	石油馏分的简捷法蒸馏	用分离指数确定产品的组成和流量,每段的塔板数,负荷	复杂塔,例如原油加工装置和减压塔

表 6-5　Aspen Plus 严格塔模型分类及功能

模型	说明	目的	用途
RadFrac	严格分馏	单个塔的严格核算和设计	蒸馏,吸收,汽提,萃取和恒沸蒸馏,反应蒸馏
MultiFrac	复杂塔严格分馏	多级塔和复杂塔的严格核算和设计	热集成塔,空气分离器,吸收塔/汽提塔结合,乙烯主分馏塔/急冷塔组合,石油炼制
PetroFrac	石油炼制分馏	石油炼制应用的严格核算和设计	预闪蒸塔,常压原油单元,减压单元,催化裂解塔或焦炭分馏塔,减压润滑油分馏塔,乙烯分馏塔和急冷塔
BatchFrac+[①]	严格间歇蒸馏	单个间歇塔的严格核算	一般恒沸蒸馏,三相和反应间歇蒸馏
RateFrac[①]	基于速率的蒸馏	单个和多级塔的严格核算和设计,建立在非平衡计算基础上	蒸馏塔,吸收塔,汽提塔,反应系统,热集成单元,石油应用
Extract	液-液萃取	液-液萃取塔的严格核算	液-液萃取

① 要求单独许可,输入语言只在 10.0 版中。

表 6-6　Aspen Plus 反应器模型分类及功能

模型	说明	目的	用途
RStoic	化学计量反应器	规定反应程度和转化率的化学计量反应器	动力学数据不知道或不重要的反应器,但知道化学计量数据和反应程度

续表

模型	说明	目的	用途
RYield	收率反应器	规定收率的反应器	化学计量系数和动力学数据不知道或不重要的反应器,但知道收率分配
REquil	平衡反应器	化学计量计算化学平衡和相平衡	单相和两相化学平衡,同时存在相平衡
RGibbs	平衡反应器	用吉布斯最小自由能计算化学平衡和相平衡	化学和/或同时发生的相平衡和化学平衡,包括固体相平衡
RCSTR	连续搅拌釜式反应器	连续搅拌釜式反应器	在液相或气相下具有动力学反应的一相、二相或三相搅拌釜反应器
RPlug	活塞流反应器	活塞流反应器	有任何相态下具有动力学反应的一相、二相或三相活塞流反应器,带有外部冷却剂的活塞流反应器
RBatch	间歇反应器	间歇或半间歇反应器	反应动力学已知的间歇或半间歇反应器

表 6-7　Aspen Plus 压力变换器模型分类及功能

模型	说明	目的	用途
Pump	泵或水力学透平	当知道压力、功率需求或性能曲线时,可改变物流压力	泵和水力学透平
Compr	压缩机或透平	当知道压力、功率需求或性能曲线时,可改变物流压力	多变压缩机,多变正位移压缩机,等熵曲线压缩机透平
MCompr	多级压缩机或透平	通过带有内冷却器的多级压缩改变物流压力,允许从内冷却器中采出液体物流	多级多变压缩机,多级正位移压缩机,等熵曲线压缩机,等熵曲线透平
Valve	控制阀	确定压降或阀系数(CV)	多相,绝热球型流量阀或蝶阀
Pipe	单段管	确定单段管或环型空间的压降或传热	多相,一维,稳态和全充满管线流动
Pipeline	多段管	确定多段管或环型空间的压降或传热	多相,一维,稳态和全充满管线流动

表 6-8　Aspen Plus 物流器模型分类及功能

模型	说明	目的	用途
Mult	物流乘法器	用用户提供的系数乘以物流流量	把物流按比例放大或按比例缩小
Dupl	物流复制器	把物流复制成任何数量的出口物流	在同一流程中复制物流来观察不同方案
ClChng	物流类变化器	改变物流类	将使用不同物流类的段或模块连接

表 6-9　Aspen Plus 操作器模型分类及功能

模型	说明	用途
Crystallizer	连续结晶器	混合悬浮液,混合产品脱除(MSMPR)结晶器,用于单固体产品
Crusher	粉碎机	旋转式/钳夹式粉碎机,笼式磨房式压碎机和单辊或多辊粉碎机
Screen	筛	用筛分离固体和固体
FabFl	纤维过滤器	用纤维过滤器分离气体和固体
Cyclone	旋风分离器	用旋风分离器分离气体和固体
VScrub	文丘里管洗刷器	用文丘里管洗刷器分离气体和固体
ESP	干燥静电沉淀器	用干燥静电沉淀器分离气体和固体
HyCyc	旋流除砂器	用旋流除砂器分离液体和固体
CFuge	离心分离过滤器	用离心分离过滤器分离液体和固体
Filter	旋转减压过滤器	用连续旋转减压过滤器分离液体和固体
SWash	单级固体洗涤器	单级固体洗涤器
CCD	逆流倾析器	多级洗涤器或一个逆流倾析器

三、 Aspen Plus 文件格式

Aspen Plus 文件可以根据需要保存成不同格式,如表 6-10 所示。

表 6-10　Aspen Plus 文件格式

文件类型	扩展名	格式	说明
文档文件	*.apw	Binary(二进制)	包含模拟输入和结果以及中间收敛信息的文件
备份文件	*.bkp	ASCII	含有模拟输入和结果的存档文件
模板文件	*.apt	ASCII	含有缺省输入值的模板
输入文件	*.inp	Text(文本)	模拟的输入
运行消息文件	*.cpm	Text	显示在控制面板上的计算历史记录
历史文件	*.his	Text	详细的计算历史记录和诊断消息
汇总文件	*.sum	ASCII	模拟的结果
问题定义文件	*.appdf	Binary	含有模拟计算中所用数组和中间收敛信息的文件
报告文件	*.rep	Text	模拟的输出报告

1. 文件类型的特性

Binary（二进制）文件：指定机器，不可转换；不可读，不可打印。
ASCII 文件：不指定机器，可转换；不含有控制字符，可读；不是用来打印的。
Text（文本）文件：不符合机器规定，可转换；可读，能被编辑；是用来打印的。

2. 存储模拟的方式

存储模拟的方式有 3 种：文档文件（*.apw）、备份文件（*.bkp）和输入文件（*.inp），如表 6-11 所示。

表 6-11 Aspen Plus 存储模拟的方式

项目	文档文件(*.apw)	备份文件(*.bkp)	输入文件(*.inp)
模拟定义	Yes	Yes	Yes
收敛信息	Yes	No	No
结果	Yes	Yes	No
图形	Yes	Yes	Yes/No
用户可读的	No	No	Yes
打开/保存速度	High(高)	Low(低)	Lowest(最低)
空间需求	High(高)	Low(低)	Lowest(最低)

思考题

1. Aspen Plus 中化工单元操作模型主要有哪些？其主要功能是什么？
2. Aspen Plus 文件保存格式有哪些？它们之间的区别和联系是什么？

第七章 Aspen Plus 流程模拟模型构建

Aspen Plus 提供给用户友好的图形界面，这使用户可以很方便地建立自己的流程模拟。使用鼠标，单击左键：选择对象/域；单击右键：弹出选择的对象/域或入口/出口菜单；双击左键：打开数据浏览器对象的页面。

构建一个基本流程模拟项目大致分为 3 个过程：①画流程图；②指定物性及输入数据；③运行得到结果。

下面以苯和丙烯为原料合成异丙基苯为例，构建一个基本的流程模拟。流程图如图 7-1 所示。

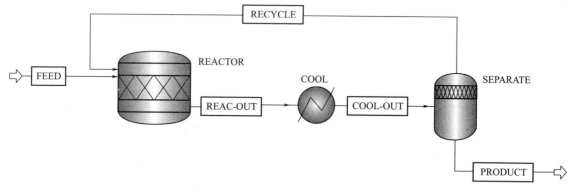

图 7-1 合成异丙基苯流程模拟图

流程简介：苯和丙烯的原料物流 FEED 进入反应器 REACTOR，反应后经冷凝器 COOL 冷凝，进入分离器 SEPARATE。分离器顶部物流 RECYCLE 循环回反应器，底部为产品物流 PRODUCT。

流程工艺条件：原料物流的温度 105℃，压力 0.25MPa，苯和丙烯的摩尔流率均为 20kmol/h。反应器压降和热负荷均为 0。反应式为 $C_6H_6 + C_3H_6 \longrightarrow C_9H_{12}$。丙烯的转化率为 92%。冷凝器温度 55℃，压降 0.69kPa。分离器压力 1×10^5Pa，热负荷 0。

1. 新建模拟

打开 Aspen Plus，系统会提示你打开一个已建好的模拟或建立一个新的模拟。如果要打开一个已建好的模拟，选择 Recent Models；如果新建一个模拟，点击 New，如图 7-2 所示，选择 Blank Simulation（可根据需要选择模拟的类型），点击 Create。

2. 建立模拟文件

系统会建立一个名为 Simulation1 的模拟文件，界面如图 7-3 所示。
下拉式菜单：用于定义程序选项和命令。

Aspen Plus 流程模拟模型构建

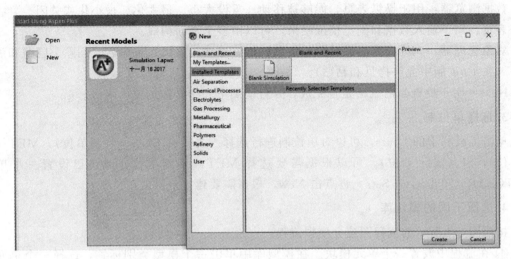

图 7-2 Aspen Plus 新建模拟界面

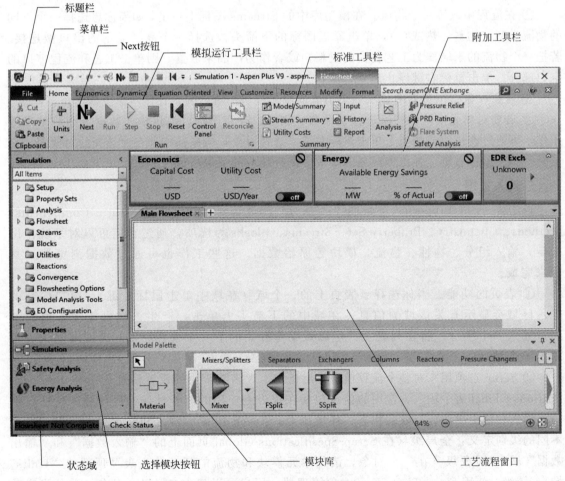

图 7-3 建立模拟文件界面

工具栏：允许直接访问一些常用功能，能够被移动、隐藏或展现。

数据浏览器：用于操纵表页，能够被移动、重设大小、最大化、最小化或关闭。

表页：用于输入数据和浏览模拟结果，可以由多个页面构成。

对象管理器：允许操纵离散对象的信息，能够建立、编辑、重命名、删除、隐藏和展现对象（在10.1版中允许拷贝和粘贴）。

Next：用于检查当前表格是否完成，并且跳到下一个必需的输入表页。

3. 选择单位制

单击工具栏中的Units，可以对单位制进行选择。主要有ENG（英制单位），MET（米制单位），SI（国际单位）。可以根据需要选择MET（米制单位）或自己设置一个单位METCBAR（单击Unit Sets，再点击New，根据需要建立自己的单位制）。

4. 选取不同的模块库

按照图7-1所示的流程图建立模拟流程。

① 在流程中放置一个单元模块。在模型库中单击一个模型类别标签，选择一个单元操作模型，单击下箭头选择一个模型图标，在模块上单击并拖拉它到期望的位置上，然后释放鼠标。

② 在流程中放置一个物流。在模型库中的Streams图标上单击，如果你想选择一个不同的物流类型（物料、热或功），单击靠近图标的下箭头，选择一个高亮显示的出口做连接。若把一个物流的末端作为工艺物流的进料，或者作为产品来放置，则单击工艺和流程窗口的空白部分。单击鼠标右键停止建立物流。

③ 若要在数据浏览器中显示一个物流或单元模块的输入表，在该对象上双击鼠标左键。

④ 若要对单元模块和物流进行重命名、删除、改变图标、提供输入数据或浏览结果等操作，可通过在模块或物流上单击鼠标左键，选择对象，当鼠标指针在所选择的对象图标之上时，单击鼠标右键，弹出该对象的菜单，选择相应的菜单项。

5. 输入数据

点击左下角Properties（如图7-4所示），页面中会显示有Setup、Components、Methods、Chemistry、Property Set、Streams、Blocks等选项，通过它们可以对系统作出指定，输入组分、物性、物流、模块等原始数据。这些工作也可通过数据浏览器工具栏来完成。

① 表页的功能。当你选择了表页上的一个域（在域中单击鼠标左键），窗口底部的提示区域会显示有关该域的信息；在域中的下箭头上单击，产生该域可能输入值的列表；输入一个字母，将在列表上产生以该字母开始的下一个选择。Tab键可以进入表页的下一个域。

② Setup选项用来对整个流程模拟作出指定。大多数常用的设置信息是在Setup-Specifications-Global表中输入，常用的信息包括在报告上使用的流程标题、运行类型（见表7-1）、输入和输出单位、有效的相态、环境压力。Aspen Plus的输入和输出单位可以按3个不同的级别定义：全局级（在Setup-Specifications-Global页面上的"输入数据"和"输出数据"域）；对象级（在一个对象，诸如单元模块和物流的任意输入表页顶部的"Units"域）；域级。使用Setup Units Sets对象管理器，用户可以建立自己的单位集。单位可以从一个现存单位集拷贝，然后修改；物流报告选项包含在Setup Report Options Stream表页上。

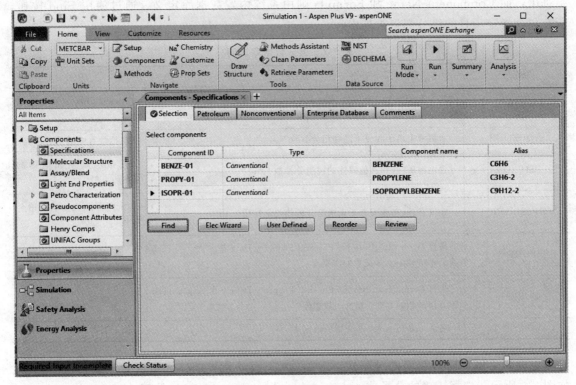

图 7-4　Properties 界面

表 7-1　Aspen Plus 的运行类型说明

运行类型	说明
Flowsheet	标准 Aspen Plus 流程运行包括灵敏度研究和优化。流程运行包括物性估算、化验数据分析和/或物性分析
Assay Data Analysis	当你不想在同一个运行中执行流程模拟时，用 Assay Data Analysis 来分析化验数据
Data Regression	Data Regression 可以把 Aspen Plus 要求的物性模型参数与已测量纯组分、VLE、LLE 和其他混合数据相拟合。Data Regression 可以含有物性估值和物性分析计算。Aspen Plus 在 Flowsheet 运行中不能执行数据回归
Properties Plus	用 Properties Plus 制备一个物性包，以便用于 Aspen Custom Modeler（以前是 SPEEDUP）或 ADVENT、第三方商业工程程序或公司内部程序。使用 Properties Plus 必须经过许可
Property Analysis	当你不想在同一个运行中执行流程模拟时，用 Property Analysis 生成一个物性表、PT 曲线、多相曲线图和其他物性报告。Property Analysis 可以含有物性估算和化验数据分析计算
Property Estimation	当你不想在同一个运行中执行流程模拟时，用 Property Estimation 估算物性参数

③ Components 选项用于对组分作出指定，每个组分的物性参数是从数据库中检索的（见表 7-2）。纯组分数据库包含如相对分子质量、临界性质等参数，数据库查找顺序在数据库页面中定义。组分 ID 用于定义模拟输入和结果中的组分，每个组分标识通过下列途径与数据库相关联。分子式：组分的化学式，例如 C_3H_6（注意当有异构体时要加后缀，例如 C_3H_6-）；组分名：组分的全名，例如 BENZENE。Component ID 可以自己指定为有意义的

字符串，而 Component Name 和 Formula 则由系统内置数据库定义。通过使用 Find 按钮，所有包含指定项目的组分都将被列出。

表 7-2 组分数据库说明

数据库	内容	用途
PURE10	来自 Design Institute for Physical Property Data 和 Aspen Tech 的数据	Aspen Plus 主要组分数据库
AQUEOUS	水溶液中离子和分子的纯组分参数	模拟含有电解质的系统
SOLIDS	强电解质、盐和其他固体的纯组分参数	模拟电解质和固体的系统
INORGANIC	在气态、液态或固态下无机组分的热化学性质	用于固体、电解质和冶金应用
PURE93	来自 Design Institute for Physical Property Data 并由 Aspen Tech 随 Aspen Plus 9.3 交货的数据库	向上兼容
PURE856	来自 Design Institute for Physical Property Data 并由 Aspen Tech 随 Aspen Plus 8.5-6 交货的数据库	向上兼容
ASPENPCD	随 Aspen Plus 8.5-6 交货的数据库	向上兼容

以丙烯为例，输入它们的分子式 c3h6-，由于丙烯有异构体，所以分子式后要加"-"，如图 7-5 所示，选择正确的分子式，点击 Add selected compounds 按钮。

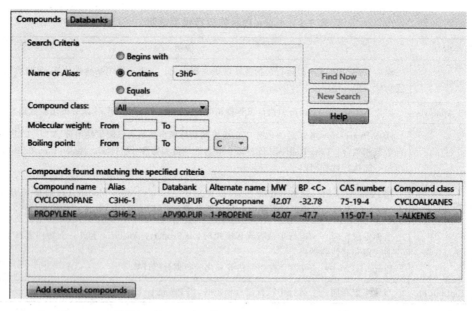

图 7-5 Properties Components Compounds 界面

④ Methods 选项用于对物性作出指定。使用 Methods Specifications 表页定义在模拟中所使用的物性方法。物性方法是一个模型和方法的集合，用于描述纯组分和混合物的行为，选择正确的物性对于获得合理模拟结果是至关重要的，应根据物料的物理性质选择相关物性方法。选择 Flowsheet Sections 将缩小可用方法的个数，本例中物性方法采用 RK-SOAVE，

如图 7-6 所示。

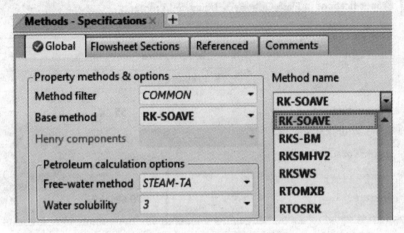

图 7-6 Properties Methods 界面

⑤ Streams 选项用于定义物流。定义物流条件需输入温度、压力、汽化率，定义物流组分需输入总物流流量和组分分率或单个组分的流率。对于不是流程进料的物流，其规定被用作估值。

本例中只需定义 FEED（原料）物流，原料物流的温度 105℃，压力 0.25MPa，苯和丙烯的摩尔流率均为 20kmol/h。输入时注意单位是否正确，如图 7-7 所示。

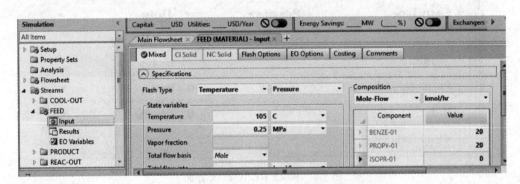

图 7-7 Properties Streams 界面

⑥ Blocks 选项用于定义模块。Block Input 表页或 Block Setup 表页都指定了单元操作模型的操作条件和设备规定，一些单元操作模型要求附加规定表页，所有单元操作模型都有可选的信息表页（例如 Block Options 表页）。

本例中需指定 COOL（冷凝器）、REACTOR（反应器）、SEPARATE（分离器）三个模块，如图 7-8～图 7-12 所示。图 7-8 为模块 COOL 的定义，其中 Pressure 为负值，表示为压降。冷凝器温度 55℃，压降 0.69kPa。

模块 REACTOR 的定义包含 Specifications 和 Reactions 两部分。图 7-9 是 Specifications 部分，对压力和温度作出定义，反应器压降和热负荷均为 0。

图 7-10 和图 7-11 是 Reactions 部分，对反应方程式、转化率等作出定义。反应式为 $C_6H_6 + C_3H_6 \longrightarrow C_9H_{12}$，丙烯的转化率为 92%，注意反应物的计量系数为负值。

SEPARATE 的设置如图 7-12 所示，分离器压力 1atm，热负荷 0。

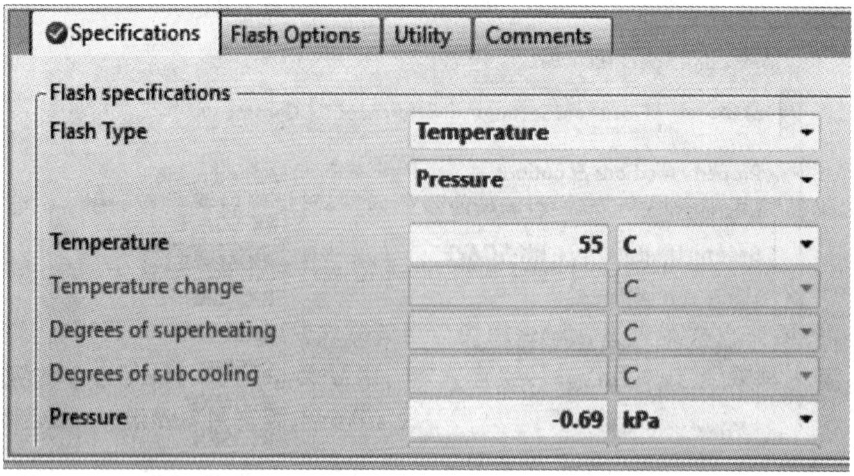

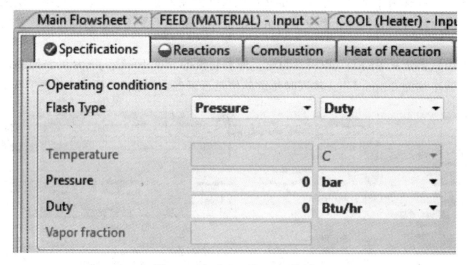

图 7-8　Block COOL Input 界面

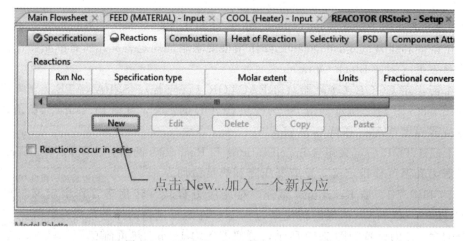

图 7-9　Block REACTOR 界面

图 7-10　Block REACTOR Reactions 界面

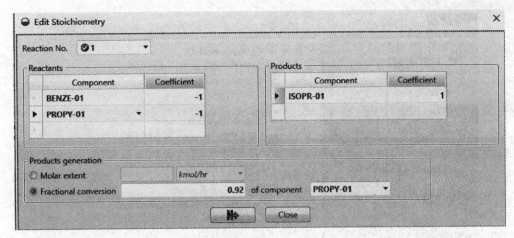

图 7-11 Block REACTOR Reactions Edit Stoichiometry 界面

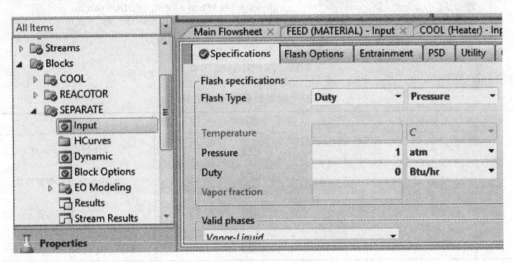

图 7-12 Block SEPARATE 界面

至此，物性指定和数据输入已全部完成，你会发现状态域的文字由红色的"Required Input Incomplete"变成正常色的"Required Input Complete"，表示必需的输入已完成。关闭数据输入窗口，返回至流程窗口。

将文件保存为 ISOPROPYLBENZENE.bkp，也可以保存成 *.apw 格式，如图 7-13 所示。

6. 运行得到结果

点击模拟运行工具栏中的控制面板按钮，在出现的窗口的工具栏中点击开始按钮，程序开始计算，直至得到结果，此时状态域的文字变成蓝色的"Results Available"。若为红色或黄色，则表示程序有错误或警告信息，系统一般会指出原因，可以据此查错。

控制面板含有：一个信息窗口，通过显示来自计算的最新信息反映模拟的过程；一个状态区域，显示所执行的模拟模块和收敛回路的层次和顺序；一个工具栏，用来控制模拟。表 7-3 为控制面板按钮说明表。图 7-14 为运行状态界面。

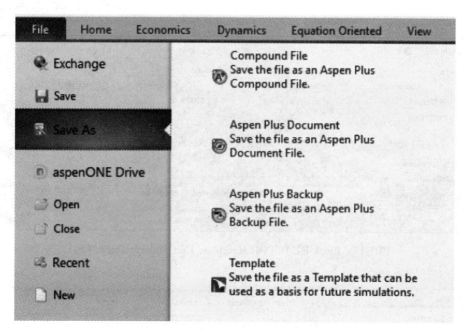

图 7-13　File Save As 界面

表 7-3　控制面板按钮说明表

名称	按钮	说明
Run	▶	开始或继续计算
Step	▷	单步计算流程中的模块
Stop	■	暂停模拟计算
Reset	◁|	清除模拟结果

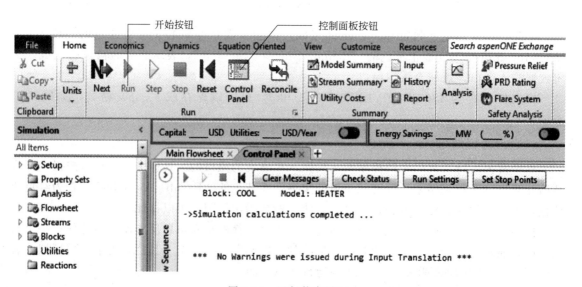

图 7-14　运行状态界面

7. 查看运行结果

点击模拟运行工具栏中的结果浏览按钮 Control Panel，查看运行结果。历史文件或控制面板信息包括任何生成的错误信息和警告，在 View 菜单下选择 History 或 Control Panel 来查看。物流结果包括物流条件和组成，对于所有物流，选择步骤为 Data/Results Summary/Streams；对于单个物流应在 Data Browser 中打开物流文件夹选择 Results 表。模块结果包括计算出的模块操作条件（在 Data Browser 中打开模块文件夹并选择 Results 表）。

图 7-15 为 COOL 模块的运行结果，同样可以查看 REACTOR 和 SEPARATE 模块的结果。

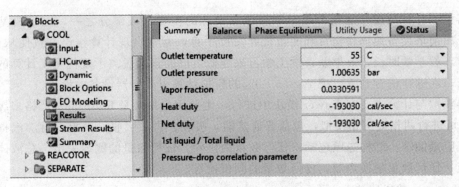

图 7-15　COOL 模块的运行结果界面

点击左侧窗口中的 Results Summary，可以查看结果汇总。图 7-16 为所有物流（COOL-OUT、FEED、PRODUCT、REAC-OUT、RECYCLE）的结果表格。

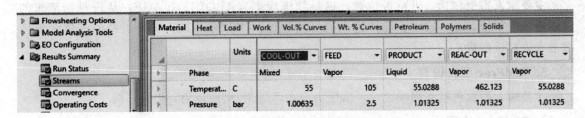

图 7-16　Results Summary 界面

━━━━━━━━━━ 思考题 ━━━━━━━━━━

1. Aspen Plus 的图形界面主要由哪些构成？
2. Aspen Plus 进行模拟计算主要包括哪些步骤？

第八章 塔器模拟计算与设计

塔器模拟计算与设计是整个化工原理课程设计的主要组成部分之一，也是典型教学内容，鉴于以前塔设备的物料衡算和能量衡算需要手算，常常出现计算错误，致使从头计算，费工费时，教学学时长，效果差，学生学习兴趣低，已经远远脱离了现代化工计算的教学信息化背景。在这样的背景下，把 Aspen Plus 的模拟计算引入塔器设备的设计。

塔器模拟与计算主要在 Tower 模块中进行，主要用的模块是 RadFrac（严格多级分离）。RadFrac 可进行两相或三相模拟，包括普通蒸馏、吸收、再沸吸收，汽提、再沸汽提，恒沸蒸馏，反应蒸馏等。结构选项包括：任何数量的进料，任何数量的侧线采出，总液体采出和循环回流，任何数量的换热器，任何数量的倾析器等。

1. RadFrac 结构设置

主要输入数据包括：理论板数，冷却器和再沸器结构，两塔操作规定，有效相态，收敛。

2. RadFrac 物流设置

主要输入数据包括：进料板位置，进料物流规则（ABOVE-STAGE：从进料物流来的气体进入进料板，上一层塔板液体进入进料板位置；ON-STAGE：来自进料的气体和液体都进入进料板位置）。

3. RadFrac 压力设置

主要输入数据包括下列项之一：塔压力分布，塔顶/塔底压力，塔段压降。

4. RadFrac 选项

若设置一个不带冷凝器或再沸器的吸收塔，则在 RadFrac Setup Configuration 页面上设置冷凝器和再沸器为 none；在 RadFrac Efficiencies 表页上能够规定按一个理论级基准或组分基准的汽化效率或 Murphree 效率；能够进行板式塔或填料塔的设计和核算；如果用户选择气-液-液作为有效相，也可以模拟第二液相；能够生成再沸器和冷凝器的热曲线。

5. RadFrac 模拟计算实例

以一个典型的甲醇-水严格精馏塔为例，利用 RadFrac 分馏模型进行模拟计算。

模拟的原始数据和其他规定包括：FEED 物流：$T=65℃$、$p=1atm$，水：50kmol/h，甲醇：50kmol/h；RadFrac 规定：全凝器、釜式再沸器，10 个理论级，回流比$=1$、蒸馏物对进料的比$=0.5$，塔压力$=1atm$，进料级$=6$；用 NRTL-RK 物性方法；文件名：RADFRAC-TOWER.BKP。

① 画出要模拟的流程图，如图 8-1 所示，其中 COLUMN 采用模块库中 Columns/RadFrac 模块。

塔器模拟计算与设计

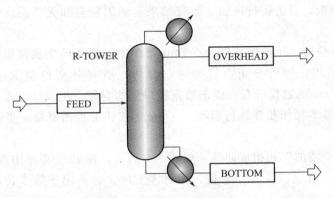

图 8-1　甲醇-水精馏流程

② 输入相关设置数据。首先要输入物系的组分甲醇和水。

根据物系的极性和非极性的性质选择物性方法。本例待分离原料为极性物料，因此选用 NRTL-RK 物性方法进行计算。查看 NRTL-RK 物性方法的二元交互参数，这一步不需作改动，但要查看确认一下。

给予进料 FEED 物流信息：温度设为 65℃，压力设为 1atm，水流量设为 50kmol/h，甲醇流量设为 50kmol/h，如图 8-2 所示。

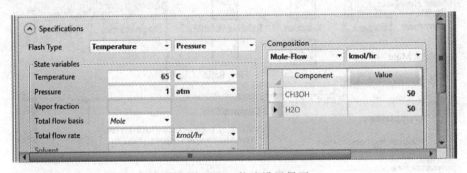

图 8-2　FEED 物流设置界面

严格计算法中 RadFrac 参数设置为：塔顶为全凝器、塔底为釜式再沸器、理论板数为 10 块、回流比 R 设为 1 和塔顶蒸馏产品对进料的比为 0.5，如图 8-3 所示。并设定进料板位置为第 6 块板进料，塔为常压塔，全塔（塔顶到塔底无压降）压力为 1atm。

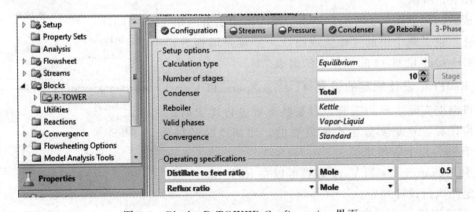

图 8-3　Blocks R-TOWER Configuration 界面

③ 打开控制面板，点击运行按钮。运行结果显示无警告和无错误，说明模拟计算的结果是可以用的。

④ 结果绘图与分析。用绘图向导（在 Plot 菜单中）能立即生成模拟结果的曲线图，并显示如下操作的结果：物性分析，数据回归分析，所有分离模型 RadFrac、MultiFrac、PetroFrac 和 RateFrac 的数据分布。点击数据窗口中的对象，生成该对象的曲线图，向导会对执行生成图表的基本操作步骤进行引导。在 Next 按钮上点击继续，点击 Finish 按钮按缺省设置生成图。

用绘图创建整个塔的气相组成曲线，如图 8-4 所示。在 Plot 菜单中点击选择图表类型。里边有温度、组成、流速、压力、K 值、相对挥发度、分离因子等多种类型，可以根据需要进行选择。本例中选择组成（Composition）作图。点击 Next 按钮，下一步。

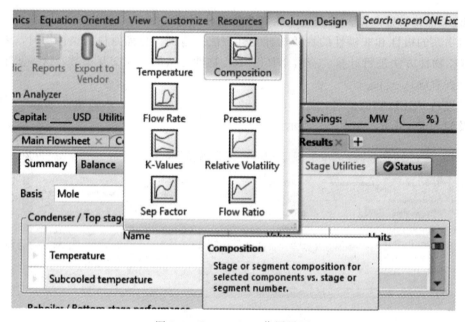

图 8-4　Composition 作图界面

给定弹出的图表中包含的组分、相态及单位制。选择 CH_3OH 和 H_2O 的气相摩尔组成作图。点击 OK 按钮，如图 8-5 所示。

完成后的图如图 8-6 所示，给出了整个塔中组分沿塔板的变化，也是整个塔的气相组成曲线，X 轴是塔板数，Y 轴是 CH_3OH 和 H_2O 的气相摩尔组成。

6. RadFrac 设计规定的设置（DesignSpecs 和 Vary）

可以根据实际生产的需要，对某些参数进行规定后，进行模拟计算，这是实际生产所需要的，比如产品的纯度要高于99％以上等要求。

① 用 DesignSpecs 和 Vary 表页可以在 RadFrac 模型内部规定并执行设计规定。

② 可以调整一个或多个 RadFrac 输入，来满足对一

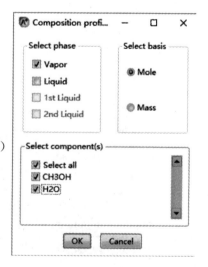

图 8-5　Composition profile 界面

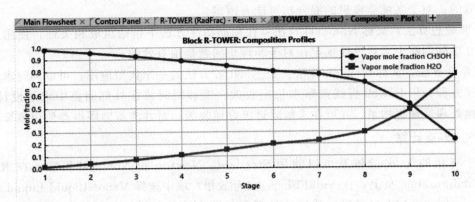

图 8-6 模拟结果界面

个或多个 RadFrac 性能参数的规定要求。

③ 一般情况下,"规定"的个数应与"变化"的个数相等。

④ RadFrac 中的"设计规定"和"改变"是在"中间回路"中求解的,如果得到一个中间回路没收敛的错误信息,需要检查输入的"设计规定"和"改变"。

7. RadFrac 的收敛方法

模拟计算需要迭代过程,因此计算过程存在收敛的问题。

RadFrac 模型为求解分离问题提供了多种收敛方法。每个收敛方法代表一种收敛算法和一个初始化方法。可用的收敛方法如下:Standard(标准的,缺省的)、Petroleum/Wide-boiling(石油/宽沸程)、Strongly non-ideal liquid(强非理想液体)、Azeotropic(共沸的)、Cryogenic(低温的)、Custom(定制的)等,如表 8-1 所示。

表 8-1 RadFrac 的收敛方法

方法	算法	初始化
Standard	Standard	Standard
Petroleum/Wide-boiling	Sum-Rates	Standard
Strongly non-ideal liquid	Nonideal	Standard
Azeotropic	Newton	Azeotropic
Cryogenic	Standard	Cryogenic
Custom	任选其一	任选其一

RadFrac 提供了 4 种收敛算法:Standard(有 Absorber=Yes 或 No)、Sum-Rates(流率求和)、Nonideal(非理想的)、Newton(牛顿)。

① Standard(缺省时,Absorber=No)算法:使用原始的 I-O 方法;对大多数问题都很有效,计算快速;在中间回路中求解设计规定;对于求解沸程非常宽或高度非理想的混合物可能有困难。当 Absorber=Yes 时的 Standard 算法:使用与古典的流率求和算法类似的修正方法;只使用于吸收塔和汽提塔;收敛迅速;在中间回路中求解设计规定;对于求解高度非理想的混合物可能有困难。

② 流率求和算法,又称 Sum-Rates 算法:使用与典型的流率求和算法类似的修正方法;可在求解塔描述方程的同时求解设计规定;对于宽沸程混合物和带有许多设计规定的问题是

非常有效的；对于高度非理想的混合物可能有困难。

③ 非理想算法，又称 Nonideal 算法：在局部物性方法中包括组成相关性；使用连续收敛法；在中间回路中求解设计规定；对于非理想问题是很有效的。

④ 牛顿算法，又称 Newton 算法：是 Newton 方法的一个典型应用；可以同时求解所有塔的描述方程；用 Powell 折线策略来稳定收敛；能够同时或在外部回路中求解设计规定；能很好地处理非理想物系，并可在求解附近极好地收敛；对共沸蒸馏塔推荐使用该算法。

8. 气-液-液计算

对于三相的气-液-液体系可以使用 Standard、Newton 和 Nonideal 算法。在 RadFrac Setup Configuration 页上，在 Valid Phases（有效相）域中选择 Vapor-Liquid-Liquid。

Vapor-Liquid-Liquid 计算：严格地处理包括两个液相的塔计算；处理倾析器；求解设计规定时对 Newton 算法既可用同时（缺省的）回路方法也可用中间回路方法，对所有其他算法都用中间回路方法。

9. 收敛方法的选择依据

对于 Vapor-Liquid（气-液）体系，要首先用 Standard 收敛方法。如果 Standard 方法失败，再用下列方法：

① 如果该混合物的沸程非常宽，则用 Petroleum/Wide-boiling 方法。

② 如果该塔是一个吸收塔或汽提塔，则用 Custom 方法，并在 RadFrac Convergence Algorithm 页上将 Absorber 改为 Yes。

③ 如果该混合物是高度非理想混合物，则用 Strongly non-ideal liquid（强非理想液体）方法。

④ 对于可能有多解的共沸蒸馏问题用 Azeotropic 方法。对于高度非理想体系也可以使用 Azeotropic 算法。

对于 Vapor-Liquid-Liquid（气-液-液）体系：

① 首先在 RadFrac Setup Configuration 页的 Valid Phases 域中选择 Vapor-Liquid-Liquid，并使用 Standard 收敛方法。

② 如果 Standard 方法失败，再试一下用 Nonideal 或 Newton 算法的 Custom 方法。

10. RadFrac 的初始化方法

Standard 是 RadFrac 模型的缺省初始化方法。该方法有下列功能：

① 对合成进料执行闪蒸计算以得到平均的气体和液体组成。

② 假定一个恒定的组成分布数据。

③ 根据合成进料的泡点和露点温度估算温度分布数据。

11. 专用的初始化方法

专用的初始化方法主要有 4 种，应用范围如表 8-2 所示。

表 8-2 专用的初始化方法

使用方法	用途
Crude(粗的)	带有多采出点塔的宽沸程体系
Chemical(化学的)	窄沸程化学体系
Azeotropic(共沸的)	共沸蒸馏塔
Cryogenic(低温的)	低温的应用

12. 估算问题

RadFrac 模型通常不要求温度、流量和组成分布估值。RadFrac 可能要求：
① 在出现收敛问题的情况下要求估算温度作为第一个尝试数据。
② 对宽沸程混合物的分离要求液体和/或气体流量估值。
③ 对于高度非理想体系、极端宽沸程（例如，富氢的）体系、共沸蒸馏体系或气-液-液体系要求组成估值。

13. RadFrac 的收敛问题举例

对氯乙烯、二氯乙烷和氯化氢物系应用收敛技巧，对氯乙烯工厂中的精馏塔收敛方法进行选择和模拟，工艺条件如图 8-7 所示。

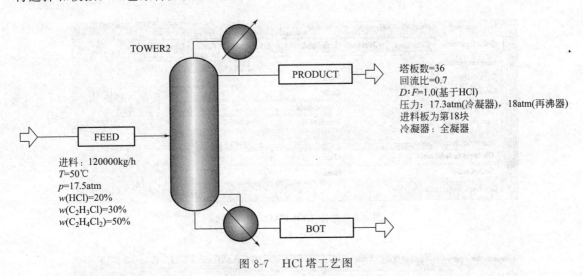

图 8-7　HCl 塔工艺图

其中待分离物英文名：HCl：HYDROGEN-CHLORIDE（氯化氢）；C_2H_3Cl：VINYL-CHLORIDE（氯乙烯）；$C_2H_4Cl_2$：1,2-DICHLOROETHANE（二氯乙烷）。采用 PENG-ROB 物性方法。文件名：RADFRAC-TOWER2.BKP。

根据工艺过程画物料流程图，其中 COLUMN 模块采用 Columns/RadFrac 模型。输入组分 HCl、C_2H_3Cl、$C_2H_4Cl_2$。

设置进料 FEED 物流参数：进料量为 120000kg/h，T 为 50℃，p 为 17.5atm，w(HCl) 为 20%，$w(C_2H_3Cl)$ 为 30%，$w(C_2H_4Cl_2)$ 为 50%，如图 8-8 所示。

理论板数为 36 块、冷凝器为全凝器 Total、塔顶产品 D：进料 $F=1$（基于 HCl）、回流比为 0.7。点击图 8-9 中的 Feed Basis 按钮指定 $D:F$ 的基准。指定 $D:F$ 基于 HCl。进料板为第 18 块板。塔顶冷凝器和塔底再沸器压力分别为 17.3atm 和 18atm。

打开控制面板，点击运行按钮。运行结果显示无警告和无错误，说明模拟计算的结果是可以用的。

从计算结果数据表可以看出，HCl（在塔底产品 BOT 中）和 C_2H_3Cl（在塔顶产品 PRODUCT 中）的质量分数分别为 0.0004 和 0.0016，如图 8-10 所示。

上述 HCl 和 C_2H_3Cl 的含量太高，达不到生产的要求。下面做两个设计规定：①改变回流比=0.7~1.2，使 HCl 质量分数（在 BOT 中）降到 5μg/g；②改变 $D:F=0.9~1.1$，使 C_2H_3Cl 质量分数（在 PRODUCT 中）降到 10μg/g。点击图 8-11 中 New，添加一个新的

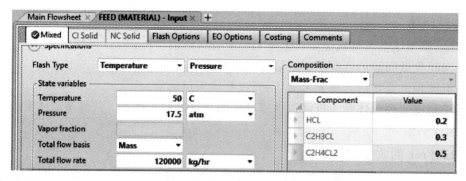

图 8-8　FEED 物流界面

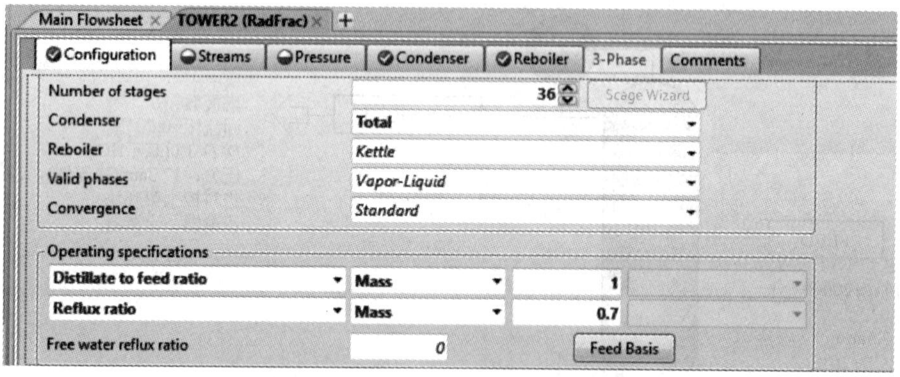

图 8-9　指定 COLUMN 模块界面

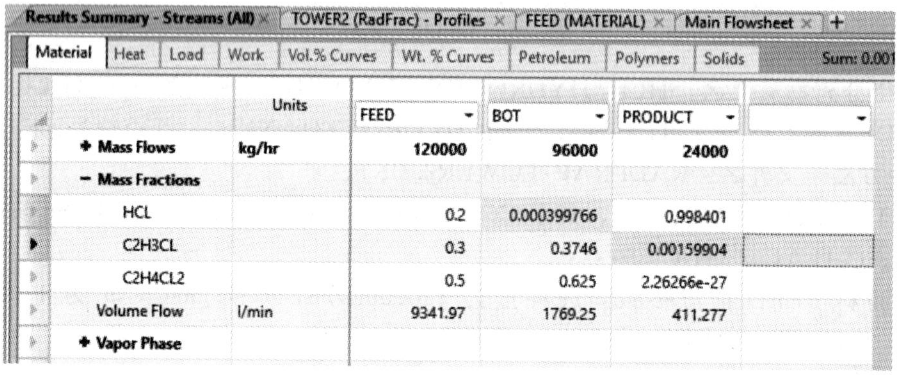

图 8-10　计算结果数据表

设计规定。

给定 HCl 的质量分数为 $5\mu g/g$，流股类型 Stream type 选 Product，如图 8-12 所示。

组分 HCl 在物流 BOT 中选择，Base components 选上所有组分，如图 8-13 所示。

继续设置，在 Product streams 中选 BOT，如图 8-14 所示。

继续新建第二个设计规定。C_2H_3Cl 的质量分数设为 $10\mu g/g$（在 Target 中输入 1e-05），Stream type 选 Product。组分 C_2H_3Cl 在物流 PRODUCT 中选择，Base components 选上所有组分。在 Product streams 中选 DIST。在调整变量窗口，点击图 8-15 中 New 添加一个新的变量。

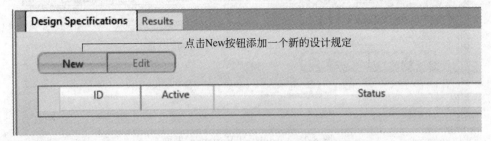

图 8-11 添加新设计规定界面

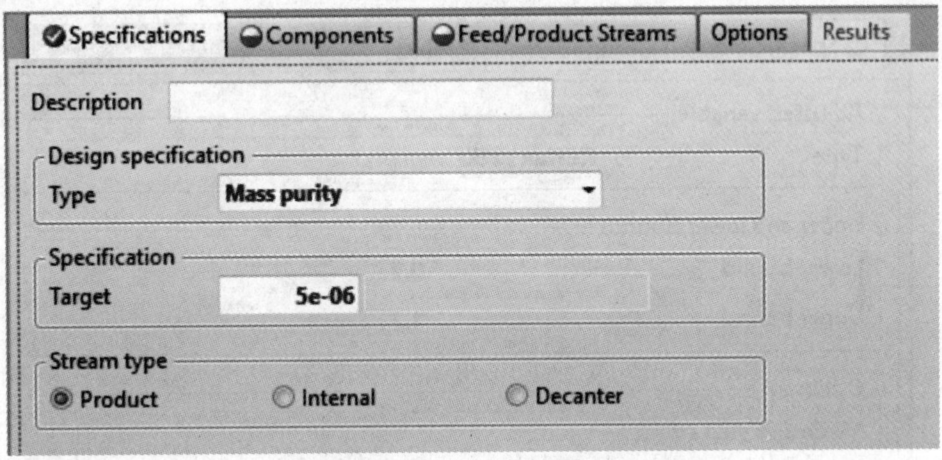

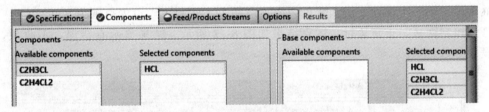

图 8-12 Stream type 选择界面

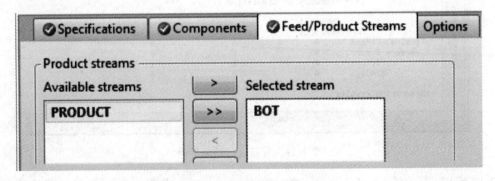

图 8-13 组分选择界面

图 8-14 Product streams 选择界面

图 8-15 Adjusted Variables 界面

在设置参数窗口中，选择变量为回流比，设置其范围为 0.7~1.2，如图 8-16 所示。

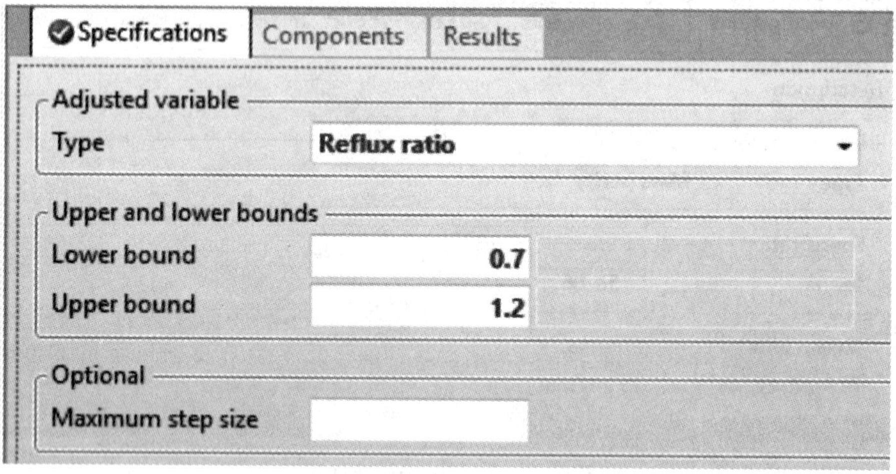

图 8-16 Specifications 界面

继续设置第二个设计变量。变量为塔顶产品 D：进料 F，设置范围为 0.9~1.1。

打开控制面板，重新运行，运算结果如图 8-17 所示。结果显示有错误，不收敛，需要修改设置参数。

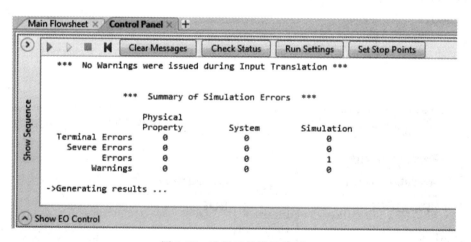

图 8-17 重新运行结果界面

返回至 Blocks/COLUMN/Setup 页，将 Convergence 方式由 Standard（默认值）改为

Custom，如图 8-18 所示。

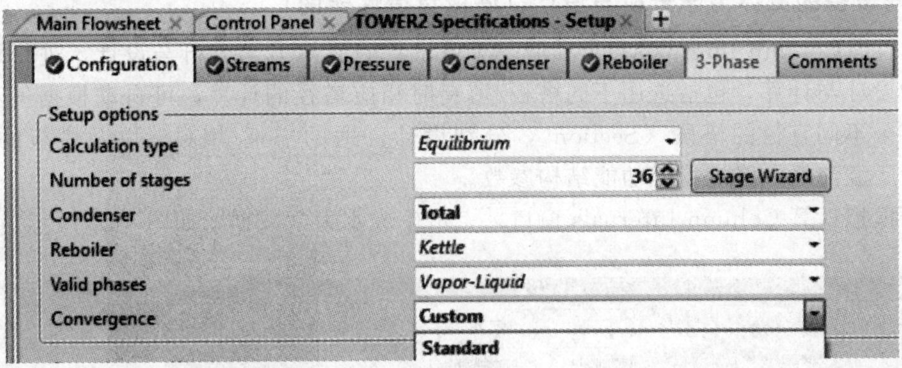

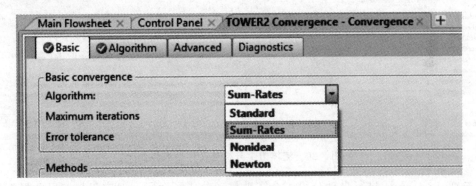

图 8-18　Blocks/COLUMN/Setup Convergence 界面

在 Blocks/COLUMN/Convergence 页上，将基本收敛方式 Algorithm 改为 Sum-Rates 类型，如图 8-19 所示。

图 8-19　Blocks/COLUMN/Convergence Algorithm 界面

打开控制面板，重新运行模拟计算。结果显示收敛，没有错误和警告，因此，模拟计算结果可用。

打开模拟计算结果窗口，查看物流结果。发现 HCl 和 C_2H_3Cl 质量分数分别降至 $5\mu g/g$ 和 $10\mu g/g$，达到设计规定要求。设计变量回流比 R 最终计算值为 0.704613，设计变量 $D:F$ 最终计算值为 0.99999。

14. RadFrac 的收敛问题

如果 RadFrac 没收敛，做以下工作会有帮助：
① 检查是否正确地规定了有关物性方面的问题（物性方法的选择、参数可用性）。
② 确保塔操作条件是可行的。
③ 如果塔的 err/tol 是一直减少的，在 RadFrac Convergence Basic 页上增加最大迭代次数。
④ 在 RadFrac Estimates Temperature 页上提供塔中一些塔板的温度估值（对吸收塔来说是有用的）。
⑤ 在 RadFrac Estimates Liquid Composition and Vapor Composition 页上提供塔中一些塔板的组成估值（对于高度非理想系统是有用的）。
⑥ 在 RadFrac Setup Configuration 页上尝试不同的收敛方法。

⑦ 当一个塔不收敛时，做了改变后重新初始化通常是有好处的。

15. 塔设备的流体力学分析与设计（塔板负荷性能图）

塔内件（Column Internals）子项服务于塔设备的流体力学分析与设计，进行塔板负荷性能图的设计与计算，包括选用不同塔板/填料时相应塔径的计算，可自动根据气液流量将塔分成多个不同直径的塔段（Section），分别设计合适的塔板/填料，以及塔板的流程数、塔板间距、溢流堰、降液管等功能结构参数。

打开模拟计算 Column Internals 窗口，点击生成水力学数据，如图 8-20 所示。

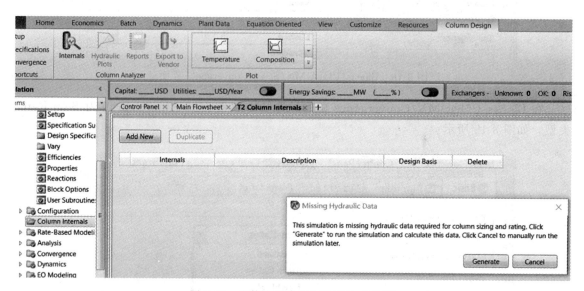

图 8-20　流体力学分析与设计生成界面

双击 Auto section 进行自动分段，全塔被自动分成了两段，对应于精馏段和提馏段，采用交互式设计模式（缺省），如图 8-21 所示。

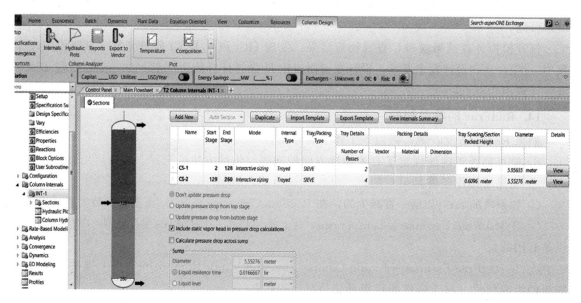

图 8-21　精馏塔分段设计界面

两塔段的直径不同，均采用筛板（缺省），分别为单流型和双流型，缺省塔板间距为 0.6096m。点击 View 按钮，可查看塔板的详情。在交互式设计模式下，可圆整各几何尺寸，使其符合我国的标准和规范，如图 8-22 所示。

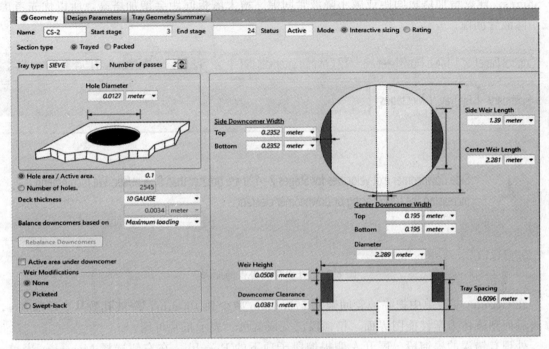

图 8-22　塔板结构数据详情界面

按 View hydraulic plots 查看流体力学性能图，如图 8-23 所示。红色代表错误，黄色代

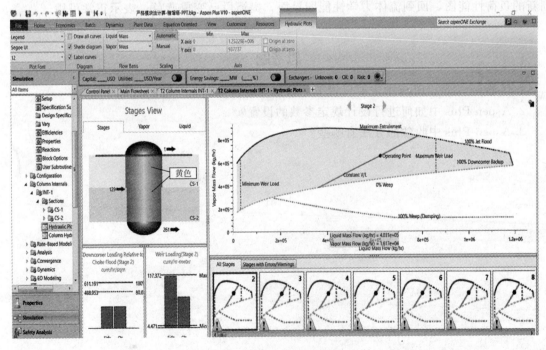

图 8-23　塔板负荷性能图界面

表警告，均需排除。

首先处理有警告的精馏段。展开左侧提馏段子项下的 Results，在右侧选择 Messages 表单，查看引发警告的原因，如图 8-24 所示。警告的原因是 2～128 级的侧降管出口速度大于 0.56m/s。建议增加塔板间距或减小降液管间隙。增大塔板间距会增加塔高，所以优先考虑减小降液管间隙。

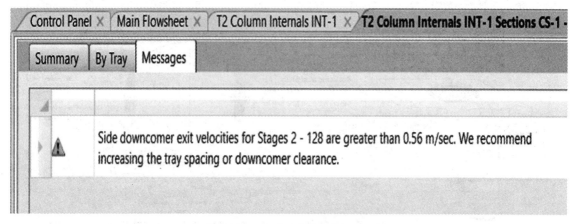

图 8-24　查看引发警告的原因

在 Geometry 表单中把降液管间隙从 579.6mm 减少到 400mm，降液孔数从 2 增加到 4，修改后回到流体力学性能图界面，精馏段已变成蓝色，表示正常可用。

处理有错误的提馏段。展开左侧提馏段子项下的 Results，在右侧选择 Messages 表单，查看引发警告的原因。软件提示引发警告的原因是 129～260 级的侧降管出口速度大于 0.56m/s。建议增加塔板间距或降液管间隙。将降液管间隙从 337.8mm 加大到 462mm，得到新的负荷性能图，回到流体力学性能图界面，提馏段已变成蓝色，表示正常可用。

思考题

1. 塔器在 Aspen Plus 中主要设置哪些参数？应注意哪些问题？
2. Aspen Plus 中如何进行设计规定参数的设置？
3. Aspen Plus 中收敛的方法有哪些？

第九章 换热器模拟计算与设计

换热器模拟计算与设计是整个化工原理课程设计的主要组成部分之一，也是典型教学内容，鉴于以前换热器设备的物料衡算和能量衡算需要手算，常常出现计算错误。在这样的背景下，把 Aspen Plus 的模拟计算引入换热器设备的设计。

换热器的模拟与计算可主要在 Heat 模块中进行，主要用的是 Heater 和 HeatX 模块。HeatX 可对两股物流进行模拟，包括列管式换热器和套管式换热器等。结构选项包括：任何数量的冷热物料进料、壳程和管程数等。

1. Heater 和 HeatX 的区别和联系

Heater 和 HeatX 两者的用法和目的如表 9-1 所示。两者的区别和联系：①两个 Heater 与一个 HeatX 相对；②当两侧相关时用 HeatX；③当与一侧（公用工程）无关时用 Heater；④为避免因 HeatX 导致流程复杂，用两个换热器 Use two heaters（与热流股、Fortran 模块或设计规定相匹配）。

表 9-1 Heater 和 HeatX 的比较

模型	说明	目的	用法
Heater	加热器或冷却器	确定热和相态条件	换热器,冷却器,阀门,当与功有关的结果不需要时的泵和压缩机
HeatX	两物流换热器	两股物流的换热器	两股物流换热器,当知道管壳换热器尺寸时可以进行核算

2. Heater 操作要点

① Heater 模块在规定热力学状态下把多股入口物流混合生成单股出口物流。

② 能用 Heater 表示：Heaters（加热器），Coolers（冷却器），Valves（阀门），Pumps（泵）和 Compressors（压缩机）（无论何时都不需要与功有关的结果）。

3. Heater 输入规定要点

输入数据主要有 3 种情况：

① 压力（或压降）可与出口温度、热负荷或入口热流股、汽化分率（1 是露点，0 是泡点，下同）、温度变化和过冷或过热度之一组合。

② 出口温度或温度变化可与压力、热负荷、汽化分率之一组合。

③ 单相用压力（压降）可与出口温度、热负荷或入口热流股、温度变化之一组合。

4. HeatX 操作要点

HeatX 能模拟管壳换热器类型：逆流和并流；弓形隔板 TEMA E、F、G、H、J、X

壳；圆形隔板 TEMA E 壳和 F 壳；裸管和翅片管。HeatX 可进行下列操作：全区域分析；传热和压降计算；显热、气泡状汽化、凝结膜系数计算；内置的或用户定义的关联式。HeatX 不能进行的操作有：进行设计计算；进行机械震动分析；估算污垢系数。当规定 HeatX 时，要考虑：严格/详细计算或简化/简捷法；规定类型；怎样计算；对数平均温差，如传热系数、压降等；用什么设备和几何尺寸规定。

5. HeatX 输入规定要点

选择如下规定之一：传热面积和几何尺寸；换热负荷；热端或冷端出口物流温度；温度变化；接近温度；过热/过冷度；汽化分率。

6. 热曲线

HeatX 和 Heater 能计算热曲线（Hcurves），对于 Aspen Plus 能生成的任何性质的各种独立变量（通常为负荷和温度）能够创建表格，这些表格能打印、绘制曲线或与其他换热器设计软件一起使用。

7. 用两种方法模拟用水冷却混合烃的换热器的模拟计算

已知条件：①烃物流信息。用 NRTL-RK 物性方法，烃物流的有效相是 Vapor-Liquid-Liquid（两个液相：水和烃类）；冷却水指定 Steam Tables，用于在 Block Options Properties 页上计算冷却水的性质；温度 200℃，压力 4bar；流量 10000kg/h，质量组成为 50％苯、20％苯乙烯、20％乙苯和 10％水；冷却水：温度 20℃，压力 10bar，流量 60000kg/h，质量组成为 100％水。②模型选择。简捷法 HeatX 模拟：烃出口汽化分率为 0（饱和液相），两物流无压降。两个 Heater 模拟：用与简捷法 HeatX 模拟同样的规定。

换热器模拟计算与设计

首先，画出两个流程图：选择合适的模型，连接一个热流股的两个 Heater 和 HeatX，如图 9-1 所示。

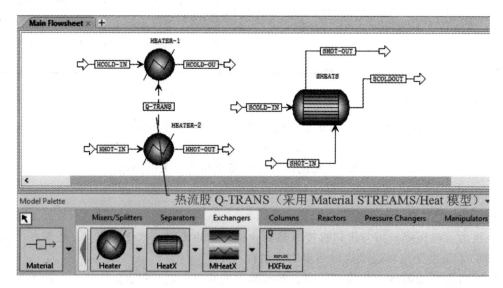

图 9-1　Aspen Plus 流程图

设置 Setup 选项内容。Valid phases（有效相）选 Vapor-Liquid-Liquid（水和烃类两个液相）。添加新的物性集，点击 New 进入下一步，输入新物性集的 ID。此处输入 BETA，代表第一液相占总液相的分率,如图 9-2 所示。

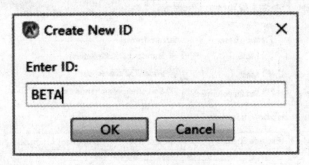

图 9-2 物性集 ID 界面

在 Physical properties 选 BETA,图 9-3 的说明域为 Fraction of L1 to total liquid for a mixture。

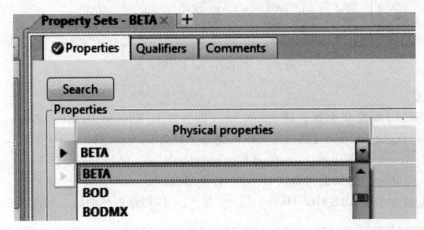

图 9-3 Physical properties 界面

同样,创建第二个物性集,输入 ID 为 DEWBUB,代表混合物的露点和泡点。在 Physical properties 选 TDEW 和 TBUB,分别代表混合物的露点和泡点(说明域给出了说明)。

再回至 Setup/Report Options,点击 Property Sets 按钮添加物性集,这样结果报告中会包括选择物性集的内容,如图 9-4 所示。用同样的方法,再添加新创建的两个物性集 BETA 和 DEWBUB。

给定组分。输入组分 WATER(水)、BENZENE(苯)、STYRENE(苯乙烯)和 ETHYLBEN(乙苯)。根据组分的极性情况,选用 NRTL-RK 物性方法。并查看二元交互参数。

给定 HCOLD-IN 物流信息:温度为 20℃、压力为 10atm、流量为 62000kg/h 水。

用同样的方法,指定 HHOT-IN 物流信息:温度 200℃、压力 4atm、流量 11000kg/h,质量组成为 50%苯、20%苯乙烯、20%乙苯和 10%水;指定 SCOLD-IN 物流信息:温度 20℃、压力 10atm、流量 62000kg/h 水。

指定 SHOT-IN 物流:温度 200℃、压力 4atm、流量 11000kg/h,质量组成为 50%苯、20%苯乙烯、20%乙苯和 10%水。

给出 HEATER-1 模块参数:压降为 0,注意有效相为 Vapor-Liquid-Liquid。

同理,给定 HEATER-2 模块参数:压降为 0,烃出口汽化分率为 0,有效相为 Vapor-

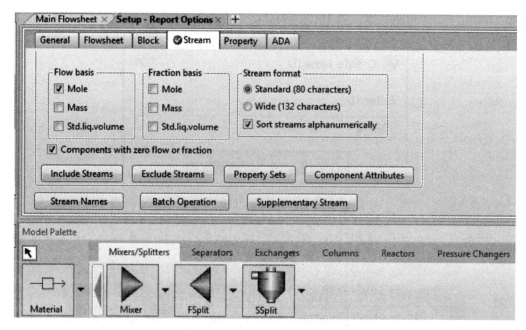

图 9-4　Property Sets 按钮界面

Liquid-Liquid。

给定 SHEATX 模块参数：选 Shortcut（简捷法）、Countcurrent（逆流）、指定 Hot stream outlet vapor fraction（热物流出口汽化分率）为 0。

在 U Methods（Calculation method for the overall heat transfer coefficient）采用默认值 Phase specfic values。详细说明请按 F1 查看有关帮助。

设置 Blocks/SHEATS Hot HCurves，点击 New 添加新的热曲线，如图 9-5 所示。

图 9-5　Hot HCurves 添加热曲线界面

输入热曲线的 ID。采用默认值 1，如图 9-6 所示。

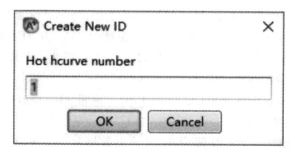

图 9-6　热曲线 ID 界面

设置新创建的热曲线 1。Setup 页面采用默认值，这样独立变量为 Heat duty（热负荷），数据点为 10 个，压降为 0。可以根据需要采用其他选项，如图 9-7 所示。

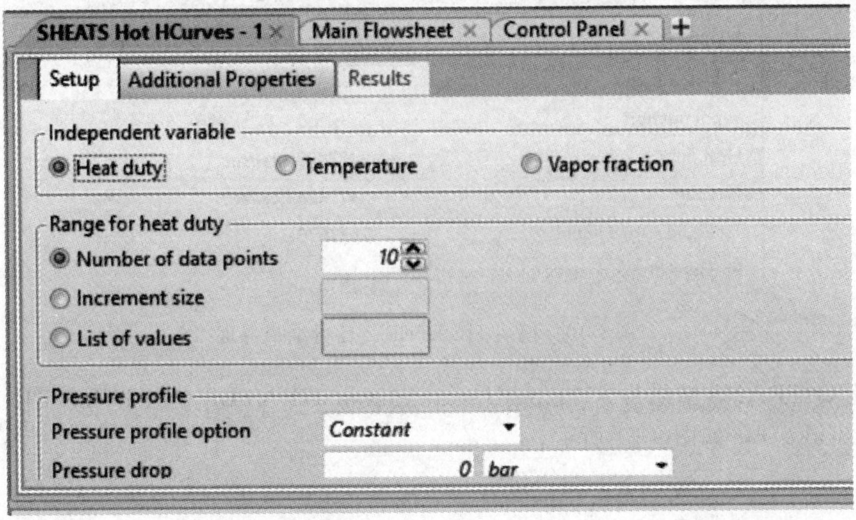

图 9-7 热曲线 Setup 界面

所有参数输入完毕后，全部显示对号后，打开控制面板，运行结果如图 9-8 所示。

图 9-8 运行界面

模块 HEATER-1 的结果，如图 9-9 所示。

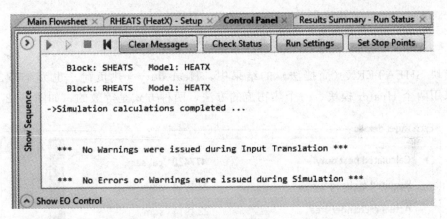

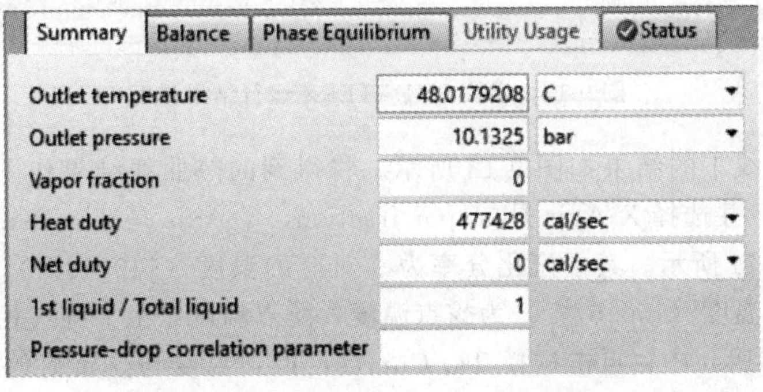

图 9-9 模块 HEATER-1 运行结果界面

第九章 换热器模拟计算与设计

模块 HEATER-2 的结果，如图 9-10 所示。

Summary | Balance | Phase Equilibrium | Utility Usage | Status

Outlet temperature	119.95465	C
Outlet pressure	4.053	bar
Vapor fraction	0	
Heat duty	-477428	cal/sec
Net duty	-477428	cal/sec
1st liquid / Total liquid	0.677076	
Pressure-drop correlation parameter		

图 9-10　模块 HEATER-2 运行结果界面

热物流 Q-TRANS 结果为 477428cal/sec，它表示 HEATER-2 向 HEATER-1 传递的热量为 477428cal/sec，如图 9-11 所示。

	Q-TRANS
QCALC cal/sec	477428
TBEGIN C	200
TEND C	119.955

图 9-11　热物流 Q-TRANS 运行结果界面

在模块 SHEATERX（简捷法）的结果中，Heat duty（热负荷）也为 477428cal/sec，等同于采用两个 Heater 模块、一个热物流的方法，两种方式是等效的，如图 9-12 所示。

Exchanger details

Calculated heat duty	477428	cal/sec
Required exchanger area	22.1914	sqm
Actual exchanger area	22.1914	sqm
Percent over (under) design	0	
Average U (Dirty)	0.0203019	cal/sec-sqcm-K
Average U (Clean)		

图 9-12　模块 SHEATERX 运行结果界面

换热器的热曲线 1 的结果如图 9-13 所示。将得到的热曲线结果作图，在菜单 Plot 中，点击选择 Custom，并选择 X-Axis 是 Vapor fraction，Y-Axis 是 Temperature，点击 OK。

热曲线如图 9-14 所示。其中汽化分率为 0 对应的温度（119.48℃）为泡点温度，汽化分率刚为 1 对应的温度（150.67℃）为露点温度，露点温度以上为纯气相（汽化分率为 1）。

同理，在菜单 Plot 中，点击选择 TQ Curves，得到温度与热负荷的关系图，如图 9-15 所示。

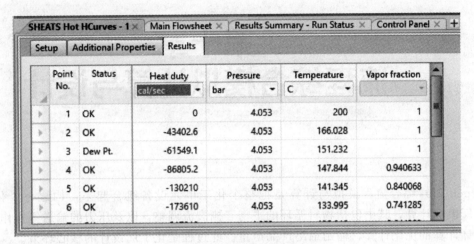

图 9-13 热曲线 1 运行结果界面

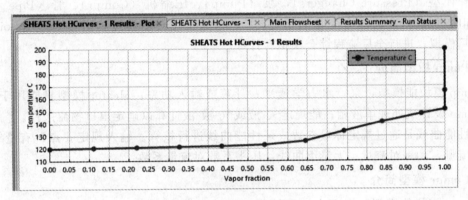

图 9-14 热曲线界面

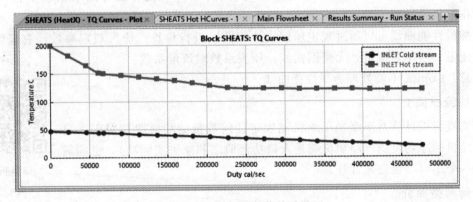

图 9-15 温度与热负荷关系界面

===== 思考题 =====

1. Aspen Plus 中 Heater 和 HeatX 的区别和联系是什么？操作要点是什么？
2. Aspen Plus 中如何设置换热器的模拟与计算中的热曲线？

第十章
流程综合模拟计算与设计

Aspen Plus 综合流程模拟与计算是把整个化工单元设备组合起来,构建一个化工厂,进行全厂模拟计算,其中包括物料循环的平衡、撕裂流调整,以及压力的输送等操作,是化工厂设计计算的优化计算,输出最终产品产量。此过程是化工厂设计的核心环节。

前面几章介绍了反应器、塔器和换热器等典型单元操作,本章主要通过添加压力的所有单元操作模型(Pressure Changers)、泵(Pump)、压缩机(Compr)、管(Pipe 和 Pipeline)和阀(Valve)的压力变化的模型,Columns/RadFrac 模型和 Reactors/Rstoic 模型,构建全厂模拟,进行全厂流程综合模拟和计算。

1. Pump 模型简介

Pump 模块能模拟:泵,水力学透平;计算或输入功率;Heater 模型只能用于压力计算;Pump 设计成处理单液相;能规定气-液或气-液-液计算以确定出口物流条件。

泵性能曲线是通过规定标量参数或泵性能曲线进行核算。输入规定要点:有量纲曲线:压头对流量,功率对流量;无量纲曲线:压头系数对流量系数。

2. Compr 模型简介

Compr 模块能模拟:多变离心压缩机;多变正位移压缩机;等熵压缩机;等熵透平;计算或输入功率;Heater 模型只能用于压力计算;Pump 设计成处理单相或多相;Compr 能计算压缩机轴速率。

压缩机性能曲线可以通过规定压缩机性能曲线进行核算。输入规定参数:有量纲曲线:压头对流量,功率对流量;无量纲曲线:压头系数对流量系数。

注意:Compr 不能处理透平性能曲线。

3. 功流股简介

功流股可以计算对于泵和压缩机能规定任何数量的功流股和对于来自泵或压缩机的净功负荷(净功负荷是入口功流股之和减去实际功),也能通过规定一个出口功流股来计算。

设备拆装
(离心泵)

4. 阀模型简介

阀模块可用来模拟:控制阀和压力变送器。阀模型可建立通过阀的压降与阀流量系数的关系,阀模型假定流量是绝热的,阀模型可确定出口物流的热状态和相态,阀模型能执行单相计算或多相计算,可以计入由管线接头造成的压头损失的影响;阀模型可以检查被阻塞的流量;可计算汽蚀指数。

阀模块有下列 3 种计算类型:①规定了出口压力的绝热闪蒸(压力变化器);②计算在规定出口压力下的阀流量(设计);③计算所规定阀的出口压力(核算)。

5. 管线模型简介

Pipe 模块计算单管段中的压降和传热，Pipeline 模块可用于多管段的管线，不模拟入口效应。Pipe 可执行单相计算或多相计算，如果入口压力已知，Pipe 可计算出口压力；如果出口压力已知，Pipe 可计算出入口压力并可更新入口物流的状态变量。

6. 环己烷生产工艺过程模拟

本例中将化工生产的基本单元操作组合，并将压力变化器单元加入其中，进行整个流程模拟与计算。

（1）工艺流程简介

环己烷可以用苯加氢反应得到，反应如下：

$$C_6H_6(苯) + 3H_2(氢气) \Longrightarrow C_6H_{12}(环己烷)$$

在进入固定床接触反应器之前，苯和氢气进料与循环氢气和环己烷混合。假设苯转化率为 99.8%。反应器出料被冷却，轻气体从产品物流中分离出去。部分轻气体作为循环氢气返回反应器。从分离器出来的液体产品物流进入蒸馏塔进一步脱除溶解的轻气体，使最终产品稳定。部分环己烷产品循环进入反应器，辅助控制温度。

（2）H_2 物流参数

$T = 49℃$，$p = 2311.5 \text{kPa}$，Total flow $= 150 \text{kmol/h}$，Molefrac：$H_2 = 0.975$，$N_2 = 0.005$，$CH_4 = 0.02$。苯物流：$T = 38℃$，$p = 103.5 \text{kPa}$，Benzene flow $= 45.36 \text{kmol/h}$。

（3）各种模型参数设置

流量与压头对应表见表 10-1。

表 10-1 流量与压头对应表

流量/(L/min)	压头/ft
40	20
250	10
300	5
400	3

启动 Aspen Plus，选择相应的模型，连接物流，画出流程图，如图 10-1 所示。

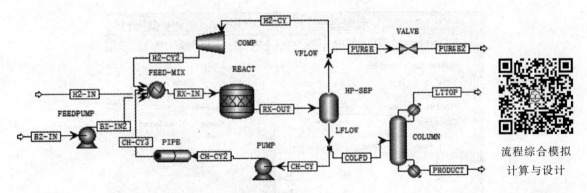

图 10-1 Aspen Plus 工艺流程界面

打开组分输入窗口，输入组分氢气、氮气、甲烷、苯和环己烷。

根据所有组分的极性与非极性的关系,选择 RK-SOAVE 物性方法进行模拟,并查看二元交互参数。

给定 BZIN 物流设置:T 为 38℃,p 为 103.5kPa,Benzene flow 为 45.36kmol/h。

对 H2IN 物流参数进行设置:T 为 49℃,p 为 2311.5kPa,Total flow 为 150kmol/h,摩尔分数:H_2 为 0.975,N_2 为 0.005,CH_4 为 0.02。

对 COLUMN 模块参数进行设置:Nstage 塔板数为 12、只有气体蒸馏物的部分冷凝器、Mole-B(塔釜采出量)为 44.9kmol/h,回流比为 1.2。进料板为第 8 块板,假设塔内无压降,全塔压力为 1380kPa。

对 COMP 模块参数进行设置,等熵,出口压力为 2311.5kPa。

对 FEED-MIX 模块参数进行设置,T 为 148.9℃,p 为 2277kPa。

对 FEED-PUMP 模块参数进行设置,使用性能曲线,Pump efficiency 为 0.6,Driver efficiency 为 0.9,如图 10-2 所示。

图 10-2　FEED-PUMP 模块 Specifications 界面

设定泵的性能曲线。Flow variable 选 Vol-Flow(体积流量),如图 10-3 所示。

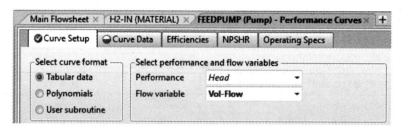

图 10-3　性能曲线 Curve Setup 界面

继续设定泵性能曲线,输入 4 组数据。注意 Flow 的单位选 l/min,如图 10-4 所示,至此泵的性能参数输入完成。

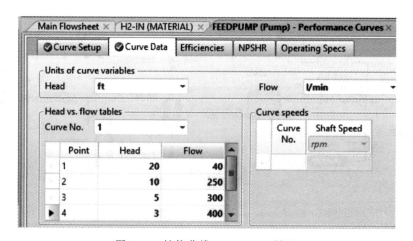

图 10-4　性能曲线 Curve Data 界面

对 HP-SEP 模块进行设置，T 为 48.89℃，p_{drop} 为 34.5kPa。

对 LFLOW 模块进行设置，去物流 CH-CY 的流量为 30%，如图 10-5 所示。

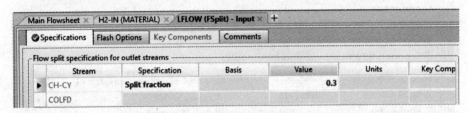

图 10-5　LFLOW 模块界面

对 PIPE 模块进行设置，选碳钢，系列号 40，直径为 1in，长度为 25m，如图 10-6 所示。

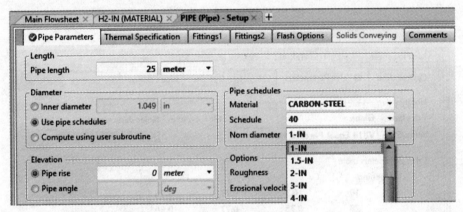

图 10-6　PIPE 模块界面

对 PUMP 模块进行设置，出口压力为 2311.5kPa，如图 10-7 所示。

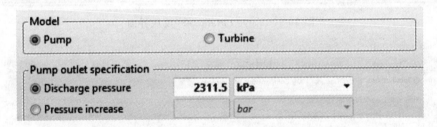

图 10-7　PUMP 模块界面

对 REACT 模块进行设置，T 为 204.4℃，p_{drop}（压降）为 103.5kPa。对反应方程式进行设置，点击 New 输入反应。输入反应 $C_6H_6+3H_2=C_6H_{12}$ 和 Benzene conv（转化率）= 0.998。注意反应物的计量系数为负值。

对 VALVE 模块进行设置，Calculation type 选第二项（Calculate valve flow coefficient...）、出口压力为 2001kPa，如图 10-8 所示。

选 Globe valve，V810 Equal Percent Flow，尺寸为 1.5in，如图 10-9 所示。

对 VFLOW 模块进行设置，去物流 H2-CY 的流量为 92%，如图 10-10 所示。

输入完成后，所有红色×，变为绿色√，打开控制面板，进行模拟计算，运行结果如图 10-11 所示，结果显示没有错误和警告，说明结果可用。

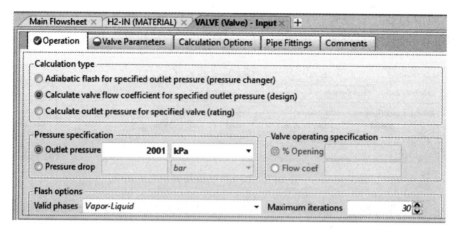

图 10-8 VALVE 模块界面

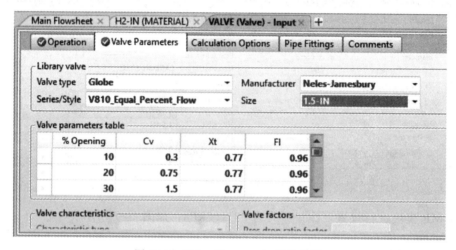

图 10-9 Valve Parameters 模块界面

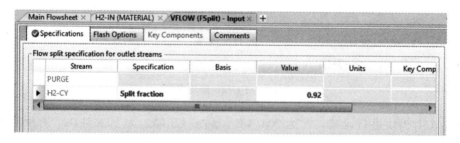

图 10-10 VFLOW 模块界面

根据需要可以查看 COMP 模块、FEEDPUMP 模块、PIPE 模块、PUMP 模块、VALVE 模块和 COLUMN 模块模拟计算结果。COLUMN 模块模拟计算结果，如图 10-12～图 10-14 所示。

7. 生产工艺过程热集成设计与优化

化工生产中，一些物流需要加热，一些物流需要冷却，我们希望合理匹配物流，充分利

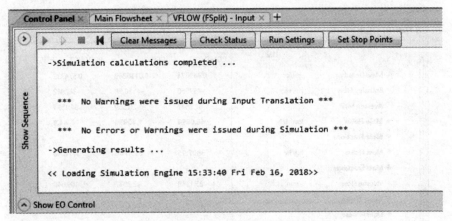

图 10-11　运行界面

图 10-12　COLUMN 模块结果 1 界面

	Units	COLFD	LTTOP	PRODUCT
− MIXED Substream				
Phase		Liquid	Vapor	Liquid
Temperature	C	48.89	114.023	202.007
Pressure	bar	21.39	13.8	13.8
Molar Vapor F...		0	1	0
Molar Liquid F...		1	0	1
Molar Solid Fr...		0	0	0
Mass Vapor Fr...		0	1	0
Mass Liquid Fr...		1	0	1
Mass Solid Fra...		0	0	0

	Units	COLFD	LTTOP	PRODUCT
Molar Enthalpy	cal/mol	−35833.1	−13495.1	−29095.2
Mass Enthalpy	cal/gm	−432.951	−507.926	−345.741
Molar Entropy	cal/mol-K	−141.132	−33.8745	−125.487
Mass Entropy	cal/gm-K	−1.70521	−1.27496	−1.49117
Molar Density	mol/cc	0.00900715	0.000437538	0.00682484
Mass Density	gm/cc	0.745474	0.0116249	0.574332
Enthalpy Flow	cal/sec	−457960	−4158.58	−362882
Average MW		82.7647	26.569	84.1531
+ Mole Flows	kmol/hr	46.0094	1.10836	44.9
+ Mole Fractions				

图 10-13　COLUMN 模块结果 2 界面

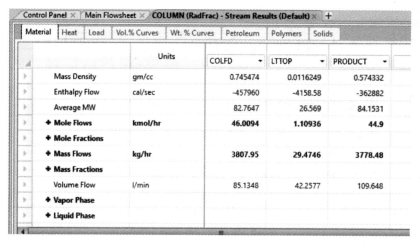

图 10-14　COLUMN 模块结果 3 界面

用热物流去加热冷物流，尽可能地减少公用工程加热和冷却负荷，以提高系统的热回收能力和投资费用。换热网络的主要作用就是在各种条件允许的情况下，尽可能经济地回收所有过程物流的有效能量，以减少公用工程的耗能量。过程热集成设计的对象是换热系统的拓扑结构和公用工程的规格配套设计。换热网络优化设计有三种基本方法：夹点技术、数学规划法和火用经济分析法。这种优化匹配设计就是热集成。

夹点技术是广泛应用的过程热集成设计的有效方法，其要点包括温-焓图和组合曲线；夹点的形成——最小传热温差的意义；换热网络方案和物流匹配。

启动 Aspen Plus 的流程模型总图，如图 10-15 所示。点击左下方的能量分析 Energy Analysis 按钮，进入热集成界面，如图 10-16 所示，然后点击分析 Analyze 按钮，等待分析完成。

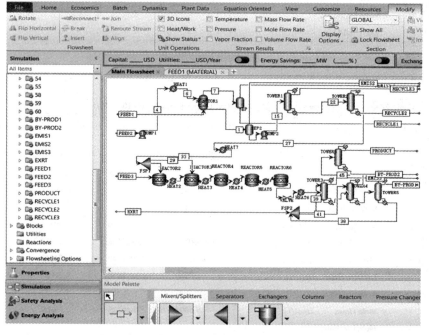

图 10-15　工艺流程的全流程模拟图界面

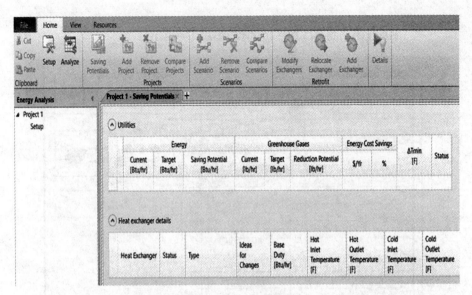

图 10-16　全流程模拟的热集成界面

完成后，点击 Details 按钮，进入 Aspen Energy Analyzer 分析软件，打开换热流股界面，鼠标左键选中 Scenario 1，点击鼠标右键，如图 10-17 所示。

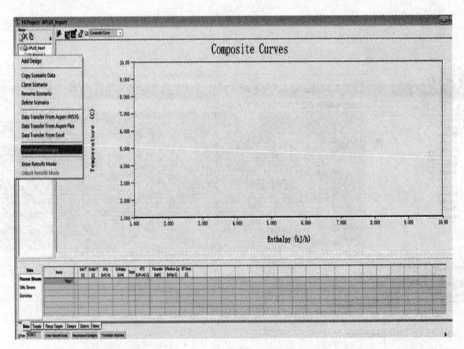

图 10-17　全流程模拟的热集成选择界面

点击 Recommend designs 选项，进入自动分析，一般会产生 10 种方案，点击 SOLVE 键，如图 10-18 所示。

得到自动优化的 10 种换热方案，可根据具体情况进一步分析，或选择已有的方案，具体数据计算结果如图 10-19 所示。

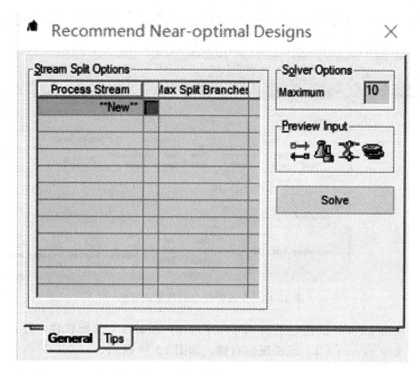

图 10-18　热集成解决方案选择界面

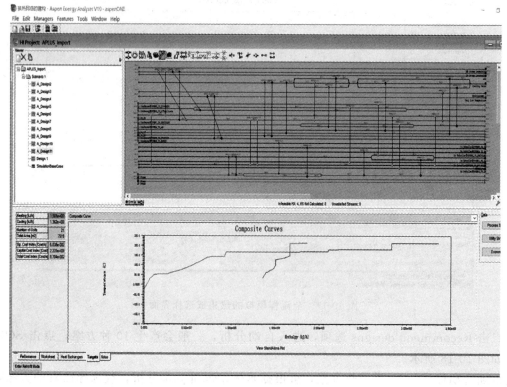

图 10-19　热集成优化结果界面

思考题

1. Aspen Plus中压力输送装置包括哪些？如何设置参数？
2. Aspen Plus中循环物流如何设置和调控？什么是撕裂流？
3. Aspen Plus中进行整个流程模拟应该注意哪些问题？

附录

附录 1

化工原理

课程设计任务书

××××设计

××××××大学
××××××学院
××××××系

××××年××××月××××日

乙醇-水混合液连续精馏塔工艺设计（例1）

专业××××　　班级××××　　学生姓名××××

一、设计条件

（1）生产能力：乙醇-水混合液年处理量，10^4 t/a。
（2）分离要求：塔顶乙醇含量不低于90%，塔底乙醇含量不高于1%。
（3）建厂地址：××××××××。

二、设计参数

（1）设计规模：乙醇-水混合液处理量××kg/h。
（2）生产时间：年开工300天，每天三班24h连续生产。
（3）原料组成：乙醇含量为25%（质量分数，下同）的常温液体。
（4）进料状况：含乙醇25%（质量分数，下同）的乙醇-水混合溶液（泡点进料）。
（5）分离要求：塔顶乙醇含量不低于90%，塔底乙醇含量不高于1%，塔顶压力0.101325MPa（绝压），塔釜采用0.5MPa饱和蒸汽间接加热（表压）。
（6）建厂地区：大气压为760mmHg、自来水年平均温度为20℃。

三、设计任务

（1）完成设计说明书一份。
（2）绘制精馏塔装配图。
（3）绘制精馏塔工艺流程图。

四、设计说明书格式及内容（参考）

（1）化工原理课程设计任务书（封皮）
（2）摘要
（3）说明书主要内容
第一章　前言
第二章　绪论
　　一、设计方案
　　二、选塔依据
　　三、设计思路
第三章　塔板的工艺设计
　　一、精馏塔全塔物料衡算
　　二、常压下乙醇-水气液平衡组成与温度关系

三、理论塔的计算
　　四、塔径的初步设计
　　五、溢流装置
　　六、塔板的分布、浮阀数目及排列

第四章　塔板的流体力学验算
　　一、气相通过浮阀塔板的压降
　　二、液泛
　　三、物沫夹带
　　四、塔板负荷性能图

第五章　塔附件设计
　　一、接管
　　二、筒体与封头
　　三、除沫器
　　四、裙座
　　五、吊柱
　　六、人孔

第六章　塔总体高度的设计
　　一、塔的顶部空间高度
　　二、塔的底部空间高度
　　三、塔总体高度

第七章　附属设备设计
　　一、冷凝器的选择
　　二、再沸器的选择

第八章　设计结果汇总
　　塔主要结构参数表

第九章　设计小结与体会

（4）参考文献
（5）附表
（6）绘制精馏塔装配图
（7）绘制精馏塔工艺流程图

五、参考文献格式

[1] 谭天恩,等.化工原理.第4版.北京：化学工业出版社，2015.
[2] 大连理工大学化工原理教研室.化工原理课程设计.大连：大连理工大学出版社，1994.
[3] 贾绍义,柴诚敬.化工原理课程设计.天津：天津大学出版社，2002.
[4] 时钧.化学工程手册.第3版.北京：化学工业出版社，2019.

参考文献并不局限于上述所列。

六、设计进度安排

(1) 下发设计任务书并进行初步讲解（0.5 天）。
(2) 搜集、查阅相关资料并完成综述（0.25 天）。
(3) 确定工艺条件和设计方案（0.25 天）。
(4) 完成设计计算（3 天）。
(5) 完成附属设备主要工艺尺寸计算（0.5 天）。
(6) 总结（0.5 天）。

七、仪器设备

××××××机房提供电脑给学生查资料和进行计算机辅助设计。

换热器设计（例2）

专业××××　班级××××　学生姓名××××

一、设计条件

(1) 生产能力：年处理煤油量，10^4 t/a。
(2) 设备形式：列管式换热器。

二、设计参数

(1) 煤油：入口温度 155℃，出口温度 45℃。
(2) 冷却剂：自来水，入口温度 35℃，出口温度 45℃。
(3) 允许压降：不大于 100kPa。
(4) 煤油定性温度下的物性数据：密度 825kg/m³，黏度 7.15×10^{-4}Pa·s，比热容 2.22kJ/(kg·℃)，热导率 0.14W/(m·℃)。
(5) 每年按 335 天计，每天 24h 连续运行。

三、设计任务

(1) 完成设计说明书一份。
(2) 绘制换热器装配图（A3 图纸）。

四、设计说明书格式及内容（参考）

(1) 化工原理课程设计任务书（封皮）
(2) 摘要
(3) 说明书主要内容
第一章　前言
第二章　换热器设计简介
　一、换热器概述
　二、换热器的分类
　三、换热器选型及其依据
　四、管程和壳程数的确定
　五、流动空间的选择
　六、流体流速的选择
　七、流动方式的选择
第三章　列管式换热器的设计计算
　一、传热系数 K

　　　　二、平均温度差
　　　　三、对流给热系数
　　　　四、污垢热阻
　　　　五、流体流动阻力（压降）的计算
　　第四章　换热器设计
　　　　一、确定物性数据
　　　　二、传热面积初值计算
　　　　三、管外给热系数
　　　　四、管内给热系数
　　　　五、传热核算
　　　　六、壳侧压降
　　　　七、管侧压降计算
　　　　八、裕度计算
　　第五章　零件计算
　　　　一、封头
　　　　二、缓冲挡板
　　　　三、放气孔、排液孔
　　　　四、接管
　　　　五、假管
　　　　六、拉杆和定距管
　　　　七、膨胀节
　　第六章　设计结果汇总
　　　　主要结构参数表
　　第七章　设计小结
　　（4）参考文献
　　（5）附表
　　（6）换热器装配图（A3图纸）

五、主要参考文献

[1] 谭天恩，等.化工原理.第4版.北京：化学工业出版社，2015.

[2] 大连理工大学化工原理教研室.化工原理课程设计.大连：大连理工大学出版社，1994.

[3] 贾绍义，柴诚敬.化工原理课程设计.天津：天津大学出版社，2002.

[4] 时钧.化学工程手册.第3版.北京：化学工业出版社，2019.

[5] 魏崇光，郑晓梅.化工工程制图.北京：化学工业出版社，1998.

[6] 娄爱娟，吴志泉.化工设计.上海：华东理工大学出版社，2002.

[7] 华东理工大学机械制图教研组.化工制图.北京：高等教育出版社，1993.

[8] 王静康.化工设计.第2版.北京：化学工业出版社，2006.

[9] 傅启民.化工设计.合肥：中国科学技术大学出版社，2000.

[10] 董大勤.化工设备机械设计基础.北京：化学工业出版社，1999.

参考文献并不局限于上述所列。

六、设计进度安排

（1）下发设计任务书并进行初步讲解（0.5 天）。

（2）搜集、查阅相关资料并完成综述（0.25 天）。

（3）确定工艺条件和设计方案（0.25 天）。

（4）完成设计计算和附属设备主要工艺尺寸计算（2.5 天）。

（5）完成换热器装配图（A3 图纸）绘制（1.0 天）。

（6）总结（0.5 天）。

七、仪器设备

××××机房查资料和进行计算机辅助设计。

附录 2

主要符号说明

符号	说明	单位	符号	说明	单位
c	乙醇		l_W	堰长	m
w	水		h_W	溢流堰高度	m
D	塔顶		h_{OW}	堰上液层高度	m
F	进料板		W_d	弓形降液管宽度	m
W	塔釜		A_f	降液管面积	m²
L	液相		A_T	塔截面积	m²
V	气相		θ	液体在降液管中停留时间	s
M	摩尔质量	g/mol	h_0	降液管底隙高度	m
R_{min}	最小回流比		W_s	溢流堰前的安定区宽度	m
N	实际塔板数		A_a	开孔区面积	m²
p	压强	kPa	t	同一排孔中心距	mm
T	温度	℃	ϕ	开孔率	
ρ	密度	kg/m³	n	筛孔数目	个
σ	表面张力	N/m	u_0	气体通过阀孔气速	m/s
μ	黏度	mPa·s	h_c	干板阻力	米液柱
H_T	塔板间距	m	h_1	气体通过液层阻力	米液柱
h_L	板上清液层高度	m	h_σ	气体克服表面张力阻力	米液柱
u	空塔气速	m/s	h_P	气体通过每层塔板的液柱高度	米液柱
D	直径	m	Δp_P	气体通过每层塔板的压降	kPa

附录3 主要基础数据表

一、换热管几何特性

换热管外径 d /mm	换热管壁厚 δ /mm	每毫米管长外表面积 /(mm²/mm)	每毫米管长内表面积 /(mm²/mm)	惯性矩 I/mm⁴	截面模量 W/mm³	回转半径 i/mm	金属横截面积 a /mm²	换热管内径横截面积 f /mm²
10	1.5	31.4	22.0	373	74.6	3.052	40.06	38.48
14	2	44.0	31.4	1395	199.3	4.301	75.4	78.54
19	2	59.7	47.1	3912	411.8	6.052	106.81	176.71
25	2 2.5	78.5	66.0 62.8	9628 11321	770.3 905.7	8.162 8.004	144.51 176.71	346.36 314.16
32	2 3	100.5	88.0 81.7	21300 29040	1331.2 1815.0	10.630 10.308	188.50 273.32	615.75 530.93
38	2.5 3	119.4	103.7 100.5	44140 50882	2323.2 2378.0	12.582 12.420	278.82 329.87	855.30 804.25
45	2.5 3	141.4	125.7 122.3	75625 87728	3361.1 3899.0	15.052 14.887	333.78 395.84	1256.64 1194.59
57	2.5 3.5	179.1	163.4 157.1	159258 211370	5588.0 7416.5	19.289 18.956	428.04 588.26	2323.72 1963.50

二、换热管单位长度的质量

单位：kg/m

外径/mm		10	14	19	25		32		38		45		57	
壁厚/mm		1.5	2	2	2	2.5	2	3	2.5	3	2.5	3	2.5	3
碳素钢、低合金钢		0.314	0.592	0.838	1.134	1.387	1.480	1.146	2.189	2.146	2.620	3.107	3.360	4.618
高合金钢		0.317	0.597	0.846	1.145	1.400	1.493	2.165	2.208	2.165	2.644	3.135	3.390	4.569
其他金属	铝	0.108	0.204	0.288	0.390	0.477	0.509	0.738	0.753	0.738	0.901	1.069	1.156	1.588
	铜	0.356	0.671	0.951	1.286	1.573	1.687	2.433	2.481	2.433	2.971	3.523	3.810	5.236
	钛	0.181	0.340	0.482	0.652	0.797	0.850	1.233	1.257	1.233	1.505	1.785	1.930	2.653
	镍	0.356	0.671	0.951	1.286	1.573	1.687	2.433	2.481	2.483	2.971	3.523	3.810	5.236
	锆	0.260	0.489	0.692	0.936	1.145	1.221	1.771	1.807	1.771	2.163	2.565	2.774	3.812

注：本表分别按碳素钢和低合金钢 7.85×10^3、高合金钢 7.92×10^3、铝 2.70×10^3、铜 8.90×10^3、钛 4.51×10^3、镍 8.90×10^3、锆 6.48×10^3 的密度（kg/m³）计算质量。

三、对数平均温差校正系数（一壳程）

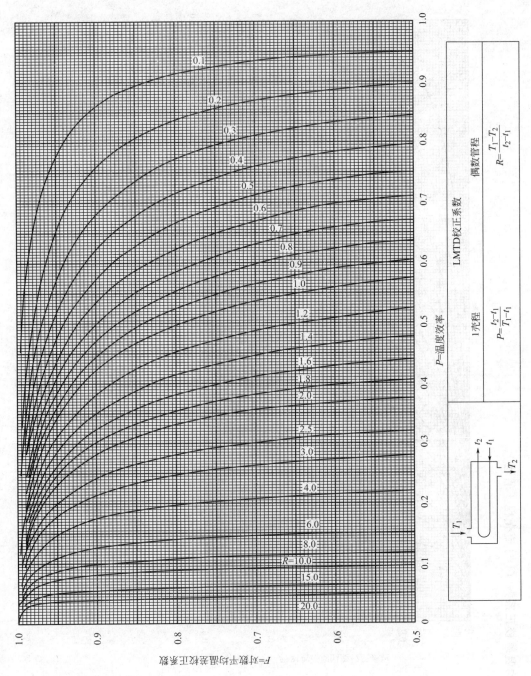

四、对数平均温差校正系数（1分流壳程1管程）

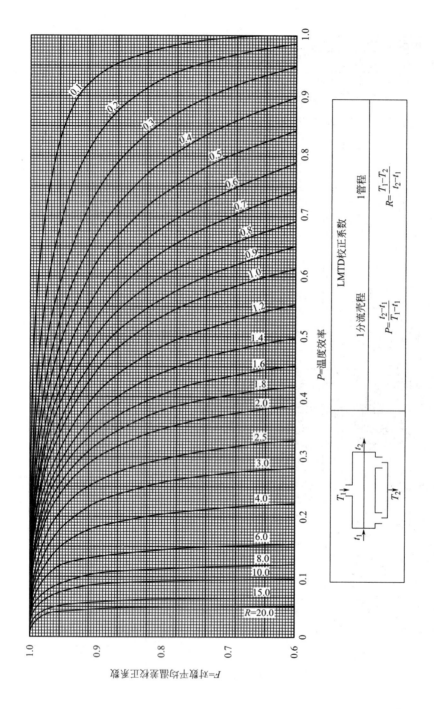

五、对数平均温差校正系数（错流壳程）

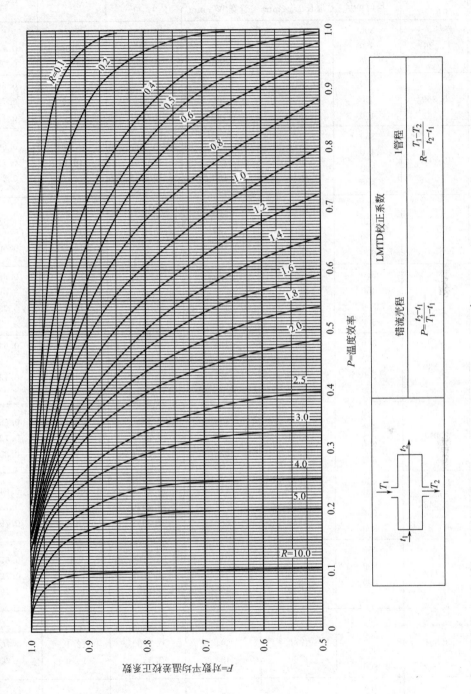

六、塔板结构参数系列化标准（单溢流型）

塔径 D/mm	塔截面积 A_T/m^2	塔板间距 H_T/mm	弓形降液管 堰长 L_W/mm	弓形降液管 管宽 W_d/mm	降液管面积 A_f/m^2	A_f/A_T	L_W/D
600①	0.0261	300	406	77	0.0188	7.2	0.677
		350	428	90	0.0238	9.1	0.714
		400	400	103	0.0289	11.02	0.734
700①	0.359	300	466	87	0.0248	6.9	0.666
		350	500	105	0.0325	9.06	0.714
		400	525	120	0.0395	11.0	0.750
800	0.5027	350					
		450	529	100	0.0363	7.22	0.661
		500	581	125	0.0502	10.0	0.726
		600	640	160	0.0717	14.2	0.800
1000	0.7854	350					
		450	650	120	0.0534	6.8	0.650
		500	714	150	0.0770	9.8	0.714
		600	800	200	0.1120	14.2	0.800
1200	1.131	350					
		450	794	150	0.0816	7.22	0.661
		500					
		600	876	190	0.1150	10.2	0.730
1400	1.539	350	903	165	0.1020	6.63	0.645
		450					
		500	1029	225	0.1610	10.45	0.735
		600					
1600	2.011	450	1056	199	0.1450	7.21	0.660
		500					
		600	1171	255	0.2070	10.3	0.732
		800	1286	325	0.2918	14.5	0.805
1800	2.545	450	1165	214	0.1710	6.74	0.647
		500					
		600	1312	284	0.2570	10.1	0.730
		800	1434	354	0.3540	13.9	0.797
2000	3.142	450	1308	244	0.2190	7.0	0.654
		500					
		600	1456	314	0.3155	10.0	0.727
		800	1599	399	0.4457	14.2	0.799
2200	3.801	450	1598	344	0.3800	10.0	0.726
		500	1686	394	0.4600	12.1	0.766
		600					
		800	1750	434	0.5320	14.0	0.795
2400	4.524	450	1742	374	0.4524	10.0	0.726
		500	1830	424	0.5430	12.0	0.763
		600					
		800	1916	479	0.6430	14.2	0.798

注：①标注的是整块式塔板，降液管为嵌入式，弓弧部分比塔的内径小一圈，表中的 L_W、W_d 为实际值。

七、常用散装填料的特性参数

1. 金属拉西环特性数据

公称直径 DN /mm	外径×高×厚 /mm	比表面积 a /(m²/m³)	空隙率 ε /%	个数 n /m⁻³	堆积密度 ρ /(kg/m³)	干填料因子 ϕ /m⁻¹
25	25×25×0.8	220	95	55000	640	257
38	38×38×0.8	150	93	19000	570	186
50	50×50×1.0	110	92	7000	430	141

2. 金属鲍尔环特性数据

公称直径 DN /mm	外径×高×厚 /mm	比表面积 a /(m²/m³)	空隙率 ε /%	个数 n /m⁻³	堆积密度 ρ /(kg/m³)	干填料因子 ϕ /m⁻¹
25	25×25×0.5	219	95	51940	393	255
38	38×38×0.6	146	95.9	15180	318	165
50	50×50×0.8	109	96	6500	314	124
76	76×76×1.2	71	96.1	1830	308	80

3. 金属阶梯环特性数据

公称直径 DN /mm	外径×高×厚 /mm	比表面积 a /(m²/m³)	空隙率 ε /%	个数 n /m⁻³	堆积密度 ρ /(kg/m³)	干填料因子 ϕ /m⁻¹
25	25×25×0.5	221	95.1	98120	382	257
38	38×19×0.6	153	95.9	30040	325	173
50	50×25×0.8	109	96.1	12340	308	123
76	76×38×1.2	72	96.1	3540	306	81

4. 塑料阶梯环特性数据

公称直径 DN /mm	外径×高×厚 /mm	比表面积 a /(m²/m³)	空隙率 ε /%	个数 n /m⁻³	堆积密度 ρ /(kg/m³)	干填料因子 ϕ /m⁻¹
25	25×12.5×1.4	228	90	81500	97.8	312
38	38×19×1.0	132.5	91	27200	57.5	175
50	50×25×1.5	114	92.7	10740	54.8	143
76	76×38×3.0	90	92.9	3420	68.4	112

5. 金属环矩鞍特性数据

公称直径 DN /mm	外径×高×厚 /mm	比表面积 a /(m²/m³)	空隙率 ε /%	个数 n /m⁻³	堆积密度 ρ /(kg/m³)	干填料因子 ϕ /m⁻¹
25(铝)	25×20×0.6	185	96	101160	119	209
38	38×30×0.8	112	96	24680	365	126
50	50×40×1.0	74.5	96	10400	291	84
76	76×60×1.2	57.6	97	3320	244.7	63

八、常用规整填料的特性参数

1. 金属孔板波纹填料

型号	理论板数 N_T /m^{-1}	比表面积 a /(m^2/m^3)	空隙率 ε /%	液体负荷 U /[$m^3/(m^2 \cdot h)$]	最大 F 因子 F_{max} /{m/[s(kg/m^3)$^{0.5}$]}	压降 Δp /(MPa/m)
125Y	1~1.2	125	98.5	0.2~100	3	2.0×10^{-4}
250Y	2~3	250	97	0.2~100	2.6	3.0×10^{-4}
350Y	3.5~4	350	95	0.2~100	2	3.5×10^{-4}
500Y	4~4.5	500	93	0.2~100	1.8	4.0×10^{-4}
700Y	6~8	700	85	0.2~100	1.6	$(4.6~6.6) \times 10^{-4}$
125X	0.8~0.9	125	98.5	0.2~100	3.5	1.3×10^{-4}
250X	1.6~2	250	97	0.2~100	2.8	1.4×10^{-4}
350X	2.3~2.8	350	95	0.2~100	2.2	1.8×10^{-4}

2. 金属丝网波纹填料

型号	理论板数 N_T /m^{-1}	比表面积 a /(m^2/m^3)	空隙率 ε /%	液体负荷 U /[$m^3/(m^2 \cdot h)$]	最大 F 因子 F_{max} /{m/[s(kg/m^3)$^{0.5}$]}	压降 Δp /(MPa/m)
BX	4~5	500	90	0.2~20	2.4	1.97×10^{-4}
BY	4~5	500	90	0.2~20	2.4	1.99×10^{-4}
CY	8~10	700	87	0.2~20	2	$(4.6~6.6) \times 10^{-4}$

3. 塑料孔板波纹填料

型号	理论板数 N_T /m^{-1}	比表面积 a /(m^2/m^3)	空隙率 ε /%	液体负荷 U /[$m^3/(m^2 \cdot h)$]	最大 F 因子 F_{max} /{m/[s(kg/m^3)$^{0.5}$]}	压降 Δp /(MPa/m)
125Y	1~2	125	98.5	0.2~100	3	2.0×10^{-4}
250Y	2~2.5	250	97	0.2~100	2.6	3.0×10^{-4}
350Y	3.5~4	350	95	0.2~100	2	3.0×10^{-4}
500Y	4~4.5	500	93	0.2~100	1.8	3.0×10^{-4}
125X	0.8~0.9	125	98.5	0.2~100	3.5	1.4×10^{-4}
250X	1.5~2	250	97	0.2~100	2.8	1.8×10^{-4}
350X	2.3~2.8	350	95	0.2~100	2.2	1.3×10^{-4}
500X	2.8~3.2	500	93	0.2~100	2.0	1.8×10^{-4}

参考文献

[1] 王卫东. 化工原理课程设计. 北京：化学工业出版社，2011.
[2] 贾绍义，柴诚敬. 化工原理课程设计. 天津：天津大学出版社，2002.
[3] 杨长龙. 化工原理课程设计. 哈尔滨：哈尔滨工程大学出版社，2010.
[4] 孙琪娟. 化工原理课程设计. 北京：中国纺织出版社，2014.
[5] 柴诚敬，刘国维. 化工原理课程设计. 天津：天津科学技术出版社，1994.
[6] 马江权，冷一欣. 化工原理课程设计. 北京：中国石化出版社，2011.
[7] 刘雪暖，汤景凝. 化工原理课程设计. 东营：石油大学出版社，2001.